公共机构用能设备管理与能源调控技术指南

曹勇　柳松　主编
徐伟　宋波　主审

中国建筑工业出版社

图书在版编目（CIP）数据

公共机构用能设备管理与能源调控技术指南 / 曹勇，柳松主编．—北京：中国建筑工业出版社，2021.4
ISBN 978-7-112-25892-5

Ⅰ.①公… Ⅱ.①曹… ②柳… Ⅲ.①公共建筑－能源管理－指南 Ⅳ.①TU18-62

中国版本图书馆CIP数据核字（2021）第034115号

责任编辑：石枫华 兰丽婷
文字编辑：郑 琳
责任校对：赵 菲

公共机构用能设备管理与能源调控技术指南
曹勇 柳松 主编
徐伟 宋波 主审
*
中国建筑工业出版社出版、发行（北京海淀三里河路9号）
各地新华书店、建筑书店经销
北京锋尚制版有限公司制版
北京建筑工业印刷厂印刷
*
开本：787毫米×1092毫米 1/16 印张：9½ 字数：231千字
2021年2月第一版 2021年2月第一次印刷
定价：48.00元
ISBN 978-7-112-25892-5
（37023）

本书编委会

主　编： 曹　勇　柳　松

编写组： 崔治国　刘益民　党　睿　丁　研　邓宇春
夏晓波　武根峰　毛晓峰　张　亮　刘　辉
李　琳　阮　俊　李　冉　于晓龙　纪博雅
丁天一　滕　聪　岑　悦　张　持　唐艳南
汪晓麟

序

2008年，《公共机构节能条例》由国务院正式颁布并实施，在过去的12年间，公共机构主管机构国家机关事务管理局联合中国建筑科学研究院等科研院所、高等院校及企事业单位，围绕公共机构绿色节能环保主题，从政策法规、科研标准、专项工程等多维度，开展照明灯具节能、供暖计量及节能、节能监管平台、水泵变频节能、餐厨垃圾循环利用、供暖燃气锅炉降氮、厨房油烟净化、空调系统节能等一系列工作，为公共机构节能两个五年规划目标的实现奠定坚实基础，同时为全社会做出表率示范。

2016年，由中国建筑科学研究院牵头承担的国家“十三五”重点研发计划“公共机构高效用能系统及智能调控技术研发与示范”（2016YFB0601700）项目启动，本著作《公共机构用能设备管理与能源调控技术指南》（以下简称《指南》）为项目课题“基于能耗数据的用能设备智能管理与能源调控关键技术研发”（2016YFB0601703）的标志性重要成果产出之一。

《指南》以照明、空调、供暖系统智能化调控为对象，在介绍三类机电系统常规控制理论、算法的基础上，结合课题研究成果，基于物联网、大数据、人工智能、云端等科技手段，重点介绍基于热耗预测模型与前馈控制供暖系统集成控制方法、基于数据驱动的空调系统自适应控制方法、基于局部区域照明控制策略和控制算法、基于需求侧响应的能源调度技术，由此构建出公共机构用能管理与调控一体化系统平台架构和模型，同时通过实际工程案例实践验证了各控制方法和平台的优越性和适用性。

《指南》用通俗的语言深入浅出地介绍了机电系统控制理论的过去、今天、未来，对于从事该领域或有意涉足该领域的高等院校学生、行业从业者均将是一本受益匪浅的读本。

前 言

公共机构是指全部或者部分使用财政性资金的国家机关、事业单位和团体组织，包括国家机关、教育事业类、卫生事业类、科技事业类、文化事业类、体育事业类、其他事业类、社会团体等类型。根据相关统计，全国公共机构数以万计，其能源消费约占全社会能源消费总量的5%~10%，能源消耗巨大，因而公共机构节能是全国节能减排、创建社会主义生态文明工作的重要部分。

21世纪初至今，我国陆续颁布了一系列的政策规范，开展了一系列针对公共机构的节能工作：针对办公建筑，国家机关事务管理局开展了数千家的大型办公建筑的能耗分项计量和能源监管平台建设；针对高校建筑，教育部开展了数百家的节约型校园监管平台建设和校园节能改造；针对医院建筑，国家卫计委开展了所属数十家医院的能耗监测平台建设。一些地方政府、管理机构也积极响应，从政策规范导向、资金补贴、能源监管平台建设、节能改造各个方面开展公共机构节能。

一方面，这些已经开展的公共机构的能源监管平台建设、节能改造项目为我国的节能事业做出了重要的贡献，根据相关统计，“十二五”期间公共机构建筑的单位面积能耗降低了10%~15%，取得了不俗的成就；另一方面，由于我国公共机构节能工作开展时间相对较晚，开展过程中一些工作过于粗放，公共机构的节能潜力未能全面释放，未来有待于进一步提高。当然，现有的工作为进一步提高公共建筑能效、降低能源消耗奠定了良好的基础。

目前各类公共机构建筑的能源监管平台数量突破万计，分布于全国各地市、各气候分区。这些能源监管平台积累的大量的建筑实际运行数据，是建筑实际性能的最直接、最本质体现。各类公共机构的管理人员、研究人员和工程人员也越来越意识到能耗数据的重要性。近年来逐渐兴起的物联网技术、人工智能技术，使得利用已有的建筑能耗数据具备了良好的技术手段。利用好这些数据、挖掘数据中蕴藏着的能耗规律，从而指导公共机构的精细化节能工作，是将公共机构节能工作推向更高峰的重要实现途径。

同时，从建筑设备及系统的运行角度出发，目前建筑后期的运行能耗占据着建筑总能耗的80%以上，因而运行节能是建筑节能工作的核心途径。建筑机电设备管理，如时长管理、启停管理、制度措施等，可以从管理方面节约建筑能耗；建筑机电系统的智能化调控，如针对照明系统、空调系统、供暖系统的智慧化控制，可以有效提高系统的运行能效。

综合建筑能源监测平台建设和智能调控措施，是实现公共机构建筑节能的核心途径和趋势。“十三五”国家重点研发计划课题“基于能耗数据的用能设备智能管理与能源调控关键技术研发”（2016YFB0601703）正是立足于该趋势，充分利用建筑能源监测平台、建筑节能改造的实际数据，通过物联网技术、数据挖掘、互联网技术，开展研究针对机电系统（照明系统、空调系统、供暖系统）的管理节能措施和智能调控关键技术。通过技术手段，在既有的建筑能耗水平的基础上，实现公共机构建筑节能15%以上的目标。本指南是对本课题的重要研究成果的总结和提炼，旨在为公共机构节能提供技术指引。

由于编写时间仓促，编者水平有限，疏漏和不足之处在所难免，敬请广大读者和相关专业人士批评指正。

本书编委会

2020年1月

目　录

第 1 章　绪论

随着人民对美好生活需要的日益增长，人们不仅需要多样化的产品来满足物质的需求，更需要良好的生态环境和多样化的生态产品以满足精神需求。但是，我国经济长期以来粗放的发展模式给生态环境造成了巨大的破坏，在给人们提供适宜的工作、生活环境的同时，也造成了能源的大量浪费。我国现有的能源状况和环境现状已无法支持现有经济模式的持续发展。在“绿水青山就是金山银山”的指导思想下，对建筑用能进行新一轮的技术和产业变革已刻不容缓。从整体上看，我国现有的用能设备系统存在能源消费总量大、能源利用不合理、能源监测系统管理不规范、供暖空调与照明系统设置调节不合理等诸多问题。对用能设备系统的运行阶段进行监控和调节是改善上述问题的有效措施，如对建筑室内环境的各项参数进行监测、运用更加合理的能源调度方式、采用更加智能的运行调节策略等。这些措施能够在一定程度上节约能源，降低供暖空调与照明系统的运行能耗。近年来随着大数据技术和人工智能技术的蓬勃发展，将新技术与暖通空调控制系统进行结合，推动控制技术进一步发展，对于能源节约和人员热舒适度的提升具有重要意义。

公共机构是指全部或者部分使用财政性资金的国家机关、事业单位和团体组织，包括国家机关、教育事业类、卫生事业类、科技事业类、文化事业类、体育事业类、其他事业类、社会团体等类型。从各类型公共机构数量上看，国家机关、教育事业类数量最多，卫生事业类、社会团体、科技事业类数量较多，文化事业类、体育事业类和其他事业类数量最少。

2015年，全国公共机构约175.52万家，能源消费总量1.83亿吨标准煤，约占全社会能源消费总量的4.26%，用水总量125.31亿立方米，约占全社会城镇用水总量的16%；“十二五”时期，公共机构通过加强节能管理，采取节能技术措施，能源消耗增幅逐步放缓，但能源消费总量仍呈逐年增长的趋势。

针对新形势下的新问题，国内外对此已经展开了广泛而深入的研究，提出并实施了一系列行之有效的改进措施。本书结合课题组在“十三五”国家重点研发计划的研究成果上，就目前公共机构用能设备的管理与能源调控技术发展现状进行阐述，并在实验及调研的基础上结合新技术的发展对未来发展前景进行展望。

第 2 章　建筑能源监控系统

2.1　公共机构建筑能源监控系统的应用现状

公共机构建筑用能时间长、室内环境要求程度高，因此具有能耗高的特点。由于其建筑使用性质的特殊性，往往存在着一定程度的能源浪费现象。为了加强能源管理，减少建筑的能耗浪费，需要对公共机构的建筑进行能源监控。

2.1.1　政府机关建筑能源监控系统的应用现状

1. 中央国家机关

国家机关事务管理局于2014年7月正式启动中央国家机关办公区节能监管平台建设项目，于2016年1月进入实质建设阶段，建设范围包括中央国家机关73个部门和教科文卫体等行业7个试点公共机构，共计80家单位。截至目前，中央级平台和54个部委级分平台已完成竣工验收，预计2018年底完成全部部委级分平台建设工作。

中央国家机关办公区节能监管平台分为两个层级：

（1）中央级总平台（设于国家机关事务管理局），按月汇总各部门能耗数据，实现中央国家机关各部门能耗数据统计、对标分析、能耗基准制定、排名公示等功能。

（2）部委级分平台（设于各部委），对各部门办公区动力、供暖、空调、照明、给水排水、食堂、信息机房等各种设备设施所消耗的电、热、水、油、气等能源资源消耗数据进行分类分项计量和动态采集，实现能耗统计、能效评估和监测预警等功能。

2. 地方国家机关

2008年，住房和城乡建设部率先在北京市、天津市、深圳市开展国家机关办公建筑和大型公共建筑节能监管体系建设示范。截至目前，北京市、上海市、重庆市、天津市、深圳市、江苏省、山东省、安徽省和黑龙江省等9个省市的公共建筑能耗监测平台通过国家验收，全国累计对11000余栋地方国家机关和大型公共建筑实施了在线监测。

以上海市为例，截至2016年12月31日，上海市累计共有1501栋公共建筑完成用能分项计量装置的安装并实现与能耗监测平台的数据联网，覆盖建筑面积6572.2万m^2，其中国家机关办公建筑182栋，占监测总量的12.1%。按建筑功能分类统计情况如表2–1所示。

2016年接入上海市能耗监测平台公共建筑功能分类表　　表2–1

序号	建筑类型	数量（栋）	数量占比（%）	面积（m^2）
1	国家机关办公建筑	182	12.1	3684983
2	办公建筑	497	33.1	21891554

续表

序号	建筑类型	数量（栋）	数量占比（%）	面积（m^2）
3	旅游饭店建筑	197	13.1	8412169
4	商场建筑	226	15.1	12803583
5	综合建筑	172	11.5	11080422
6	医疗卫生建筑	105	7.0	3368932
7	教育建筑	50	3.3	1855715
8	文化建筑	24	1.6	848840
9	体育建筑	20	1.3	710058
10	其他建筑	28	1.9	1066100
总计		1501	100.0	65722356

2.1.2　高等学校建筑能源监控系统的应用现状

2007年至2015年，教育部与住房和城乡建设部共同开展以高校节能监管平台的建设为重点工作的八批节约型校园建设工作，共计开展了233所高校节能监管平台的建设，部分高校节能监管平台建设项目分批次汇总见表2–2。为顺利推进项目建设，主管部门相继出台了《高等学校校园建筑节能监管系统建设技术导则》《高等学校校园建筑节能监管系统运行管理技术导则》等技术性文件。在高校节能监管平台建设的基础上，“十二五”期间校园节能工作取得了明显成效，与2011年相比，2015年生均能耗下降15.8%，年平均降幅约3.95%，生均水耗下降19.3%，年平均降幅约4.83%。

高等学校节能监管平台建设项目分批次汇总表　　**表2–2**

年份	批次	数量（所）	部直属高校	数量（所）
2007年	第一批	12	同济大学、清华大学、浙江大学、天津大学、重庆大学、北京师范大学、华南理工大学、江南大学、合肥工业大学	9
2009年	第二批	18	北京交通大学、中国海洋大学、电子科技大学	3
2010年 2011年	第三、四批	42	北京大学、中国人民大学、复旦大学、吉林大学、东南大学、湖南大学、西南交通大学、厦门大学	8
2012年	第五批	77	中国地质大学（北京）、北京化工大学、华中农业大学、华中师范大学、华东师范大学、河海大学、上海财经大学、北京林业大学	8
2013年	第六批	19	西安交通大学、武汉理工大学、华中科技大学、中南大学、中山大学、华东理工大学、上海交通大学、陕西师范大学、东北师范大学、中央财经大学、西安电子科技大学、中国农业大学、中国矿业大学（北京）、东北大学、中国传媒大学、华北电力大学、中南财经政法大学、北京科技大学	18

续表

年份	批次	数量（所）	部直属高校	数量（所）
2014年	第七批	17	中国矿业大学（徐州）、南京大学、西南大学、中央音乐学院、北京语言大学、北京邮电大学、北京中医药大学、中国石油大学（北京）、对外经济贸易大学、东北林业大学、中国药科大学、东华大学、中国政法大学、南京农业大学、北京外国语大学、长安大学、兰州大学	17
2015年	第八批	4	中央戏剧学院、中央美术学院、中国地质大学（武汉）、上海外国语大学	4

2.1.3 医院建筑能源监控系统的应用现状

为推动节约型医院建设，国家卫计委、住房和城乡建设部于2014年5月启动全国医院建筑能耗监管系统建设试点工作，首批医院建筑能耗监管系统建设共计44家医院，基本信息如表2-3所示。其中北京市11家、上海市6家、广州市6家，其余8个城市21家。项目单位按照《医院建筑能耗监管系统建设技术导则》《医院建筑能耗监管系统运行管理技术导则》的要求，建设能源资源消耗动态监测平台，对医院建筑和重要用能设施设备等安装分类、分项能耗计量装置，采用远程传输等手段采集、传输能耗数据，实现医院能源资源消耗情况在线监测、统计分析和智能管理。

医院基本信息统计表 **表2-3**

<table>
<tr><th>序号</th><th>医院名称</th><th>所在地区</th><th>气候分区</th></tr>
<tr><td>1</td><td>北京医院</td><td>北京市</td><td rowspan="11">寒冷地区</td></tr>
<tr><td>2</td><td>北京大学第三医院</td><td>北京市</td></tr>
<tr><td>3</td><td>中国医学科学院整形外科医院</td><td>北京市</td></tr>
<tr><td>4</td><td>中国医学科学院北京协和医院</td><td>北京市</td></tr>
<tr><td>5</td><td>中日友好医院</td><td>北京市</td></tr>
<tr><td>6</td><td>北京大学口腔医院</td><td>北京市</td></tr>
<tr><td>7</td><td>北京大学第六医院</td><td>北京市</td></tr>
<tr><td>8</td><td>北京大学人民医院</td><td>北京市</td></tr>
<tr><td>9</td><td>北京大学第一医院</td><td>北京市</td></tr>
<tr><td>10</td><td>中国医学科学院阜外医院</td><td>北京市</td></tr>
<tr><td>11</td><td>中国医学科学院肿瘤医院</td><td>北京市</td></tr>
<tr><td>12</td><td>山东大学齐鲁医院</td><td>济南市</td><td rowspan="2">寒冷地区</td></tr>
<tr><td>13</td><td>山东大学第二医院</td><td>济南市</td></tr>
<tr><td>14</td><td>中国医学科学院血液病医院</td><td>天津市</td><td>寒冷地区</td></tr>
</table>

续表

序号	医院名称	所在地区	气候分区
15	复旦大学附属儿科医院	上海市	夏热冬冷地区
16	复旦大学附属肿瘤医院	上海市	
17	复旦大学附属中山医院	上海市	
18	复旦大学附属眼耳鼻喉科医院	上海市	
19	复旦大学附属妇产科医院	上海市	
20	复旦大学附属华山医院	上海市	
21	中国医学科学院皮肤病医院	南京市	夏热冬冷地区
22	吉林大学口腔医院	长春市	严寒地区
23	吉林大学第一医院	长春市	
24	吉林大学中日联谊医院	长春市	
25	吉林大学第二医院	长春市	
26	西安交通大学第二附属医院	西安市	寒冷地区
27	西安交通大学口腔医院	西安市	
28	西安交通大学第一附属医院	西安市	
29	华中科技大学同济医学院附属梨园医院	武汉市	夏热冬冷地区
30	华中科技大学同济医学院附属同济医院	武汉市	
31	华中科技大学同济医学院附属协和医院	武汉市	
32	中南大学湘雅医院	长沙市	夏热冬冷地区
33	中南大学湘雅二医院	长沙市	
34	中南大学湘雅三医院	长沙市	
35	四川大学华西口腔医院	成都市	夏热冬冷地区
36	四川大学华西第二医院	成都市	
37	四川大学华西第四医院	成都市	
38	四川大学华西医院	成都市	
39	中山大学附属第三医院	广州市	夏热冬暖地区
40	中山大学孙逸仙纪念医院	广州市	
41	中山大学附属肿瘤医院	广州市	
42	中山大学附属第一医院	广州市	
43	中山大学附属口腔医院	广州市	
44	中山大学中山眼科中心	广州市	

2.2 公共机构建筑能源监控系统技术现状

2.2.1 节能监管平台架构与构建

1. 节能监管平台架构与功能

《国家机关办公建筑和大型公共建筑能耗监测系统——分项能耗数据采集技术导则》《国家机关办公建筑和大型公共建筑能耗监测系统——软件开发指导说明》《高等学校校园建筑节能监管系统建设技术导则》《医院建筑能耗监管系统建设技术导则》《医院建筑能耗监管系统运行管理技术导则》等技术导则对相关公共机构的能源监管平台系统的建设做了约束，对实现的功能和技术要求进行了规定。

在建筑能源监管平台的建设实践中，各个公共机构建筑对技术导则的理解都不一致，但是大致的系统架构却是相似的，如图2-1所示。

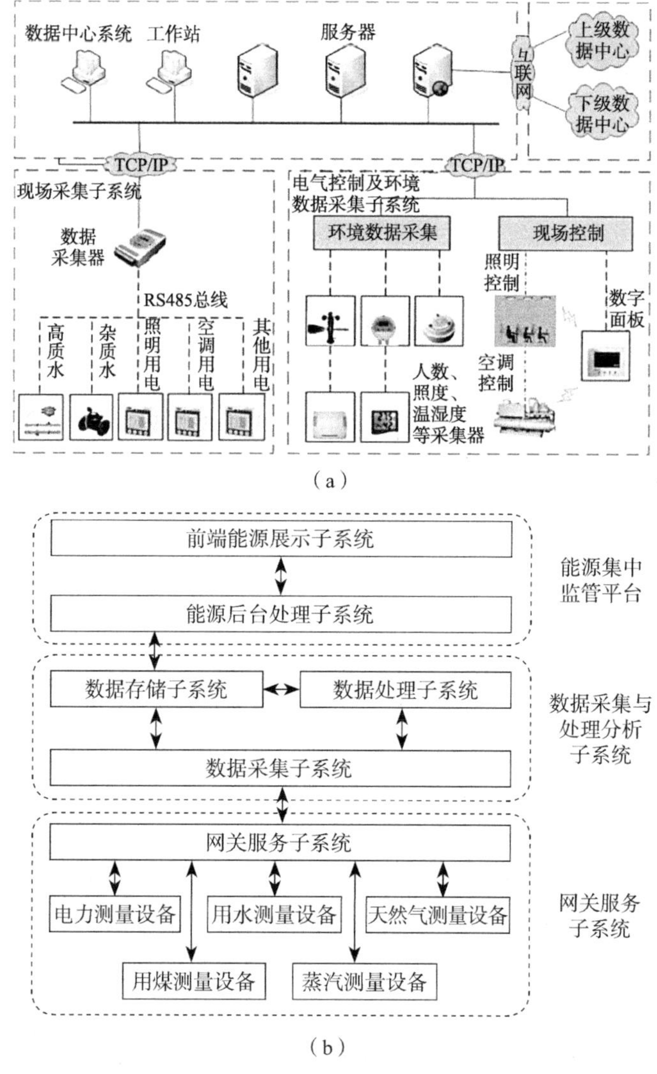

图2-1 建筑能源监管平台典型架构图

同时，各个公共机构建筑在建设节约型节能监管平台中，对相关功能的理解也存在着一些共性。通过对相关平台进行调研，对其平台功能进行梳理，当前的建筑能源监管平台的功能主要如表2-4所示。

公共机构建筑能源监管平台的主要功能　　表2-4

项目功能	具体内容	备注
数据采集	自动采集	对办公建筑/高校/医院设备进行实时数据采集
	人工录入	人工录入办公建筑/高校/医院设备设备信息数据
数据处理	数据校验	检查校验数据包的合法性，数据包包含的信息是否完整，数据包目的地址是否正确，数据采集时间是否合法，数据中心是否存在于数据包指定建筑物匹配的信息等
	数据包解析	解析接受到的XML格式的原始数据包为系统可以识别的数据格式，调用“数据持久化”模块对原始能耗水耗数据进行保存
	归一化处理	将原始能耗、水耗数据不规范的采集时间规范到标准时刻，同时对不同的采集频率、不同的计量单位等进一步归一化预处理，为下一步的拆分计算做好准备
	拆分计算	根据数据包携带的楼宇信息，调用该楼宇的能耗、水耗配置信息，对能耗数据进行拆分计算
	数据持久化	永久性保存能耗、数据到数据库，包括原始数据和归一化并拆分之后的分类分项能耗、水耗数据
数据上报	数据提取	对办公建筑/高校/医院设备能耗数据进行分析提取
	数据打包	对办公建筑/高校/医院设备能耗数据进行打包
	数据上传	对办公建筑/高校/医院设备能耗数据进行上传至总平台
	接受反馈	办公建筑/高校/医院设备能耗数据上传至总平台后反馈信息
数据分析展示	概况	显示办公建筑/高校/医院设备概况信息，包括：总建筑面积、各类能源消费总量等数据
	三维地图	直观显示办公/高校/医院设备各建筑和基础设施的地理位置
	建筑详细信息	显示建筑的详细信息，包括：建筑名称、建筑类型、建筑面积、建筑空调供暖面积以及各类能耗数据等
	综合能耗日走势	显示建筑本日各类能耗水耗走势曲线
	综合能耗月走势	显示建筑本月各类能耗水耗走势曲线
	综合能耗年走势	显示建筑本年各类能耗水耗走势曲线
	综合能耗历年对比	显示建筑历年各类能耗水耗走势曲线
	实时监测	显示建筑制定条件下的能耗水耗走势曲线
	同期比较	显示同一建筑不同时间的能耗水耗数据比较
	同类比较	比较不同的建筑在相同时间的能耗水耗数据

续表

项目功能	具体内容	备注
数据分析展示	分项比较	比较不同的建筑或同一建筑的各项子能耗水耗数据
	分部门比较	比较二级学院或部门之间的能耗水耗数据
事件报警	设备报警	查询某建筑的能耗采集设备的在线情况
	采集器报警	查询数据采集的坏值情况
	用能报警	查询某建筑用能超限报警情况
报警途径	短信报警	通过发送手机短信的形式对相关人员进行报警提示
	邮件报警	通过发送邮件的形式对相关人员进行报警提示
能源审计	新增审计报告	选择特定时间范围生产某建筑或某部门的能源审计报告
	编辑审计报告	对审计模板及审计建筑物进行编辑
	生成审计报告	按照预设的能源审计算法，查询某建筑或某部门的能源审计结果
能效公示	总用能情况	将特定时间范围内某建筑或某部门用能用水情况显示到首页
	建筑分项能耗	将特定时间范围内某栋建筑的各项能源能耗进行公示
	单位建筑面积能耗水耗	将特定时间范围内某栋建筑或某部门单位面积能耗水耗进行公示
	人均能耗水耗	将特定时间范围内某栋建筑或某部门人均能耗水耗进行公示
	部门能耗水耗	将特定时间范围内某部门能源消耗情况进行公示

表2–4概括了典型公共机构建筑能源监管平台的功能。从表中可以看出，数据采集、数据处理、数据上报、数据分析展示、报警（事件报警、报警途径）、能源审计、能效公示等功能已经成为建筑能源监管平台建设的共识，是平台在建设过程中必须包括的基本功能，为其他建筑能源节能监管平台的全生命建设周期（如设计、招投标、建设等）提供了良好的示范。

同时，一些公共机构对上述基础功能进行了拓展，如浙江大学校园节能监管平台增加了三维可视化的导航，天津大学校园节能监管平台增加了基于实际运行数据的辅助专家分析系统，这些拓展的功能为实现节约型管控提供良好的工具支撑（图2–2）。

2．节能监管平台数据计量与采集技术

数据计量和采集是节能监管平台最底端的技术层面，也是节能监管平台直接的数据来源和各应用功能模块的基础。

通过近些年的节能监管平台建设，在数据计量和采集技术方面，有如下的建设经验。

通用传输协议的重要性：对于计量表具，例如电表、水表、热表等，采用通用传输协议便于实现系统的数据采集，常见的通信协议有RS–485、BACnet、ZigBee等。以同济大学校园节能监管平台为例，其节能监管平台下位采用数值化能源计测仪表采集能耗数据，对于具备安装仪表和布线的既有建筑及新建建筑采用RS–485数据通信方式就地集中转发数据，对于不具备安装条件的既有建筑采用无线传感及组网技术ZigBee。

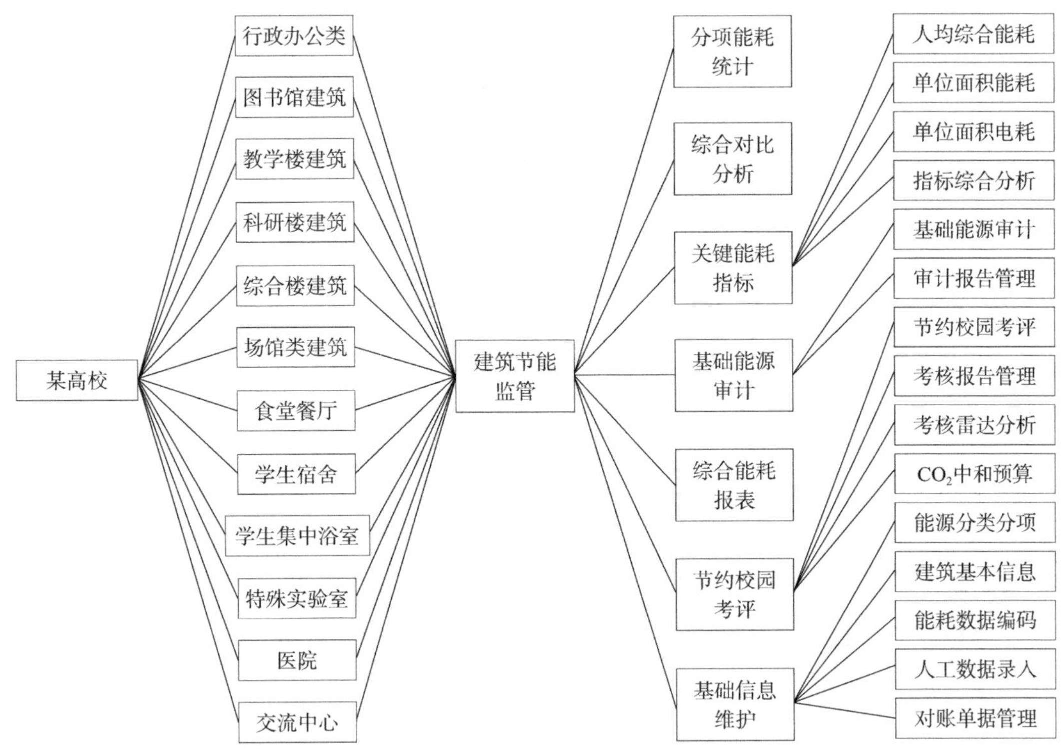

图2–2　某典型高校的节能监管平台功能模块

多功能网络集成技术：对于校园节能监管平台而言，其数据采集涉及能耗数据、环境数据和一些分项计量的设备数据等，为了便于数据的稳定性传输，可以组建多功能的数据传输网。例如同济大学校园节能监管平台通过集成网关设备实现远程传输。网关设备集成了RS–485信号接入及模拟信号、脉冲信号接入端子，内含数据转换、运算、发送、备份等多项功能，将数据以TCP/IP网络协议接入校园网。数据的计量与采集技术如图2–3所示。

3. 节能监管平台MVC的三层构建技术

校园节能监管平台涉及的功能众多，且各个功能之间常常是相互联系而又独立的。在这几年建筑能源监管平台建设中，逐渐形成了一种模块化设计模式：即采用面向对象、面向功能的软件开发方法，各个功能模块之间高内聚、低耦合，统一从采集的数据库进行开发，而降低各个功能模块之间的相互调用。这样的平台构建技术可以有效地实现节能监管平台的迅速构建，同时避免出现功能互相调用造成的连带故障。

例如部分公共机构的节能监管平台采用的是微软的.NET平台构建技术。.NET开发平台是一组用于建立Web服务器应用程序和Windows桌面应用程序的软件组件，用该平台创建的应用程序在Common Language Runtime（CLR）（通用语言运行环境）（底层）的控制下运行。采用.NET来进行系统开发更易于重用别人创建的代码组件的程序设计模型，通过向开发者提供已有的组件，消除了重写底层例程的必要，从而提高开发者的开发效率。同时选用C#开发语言，可以消除或减少其他开发语言的易出错结构的使用，以及使用强迫对所有代码组件间的交互点作清晰定义的编程模型，增强了软件的可靠性。为了提高应用程序的可扩展性

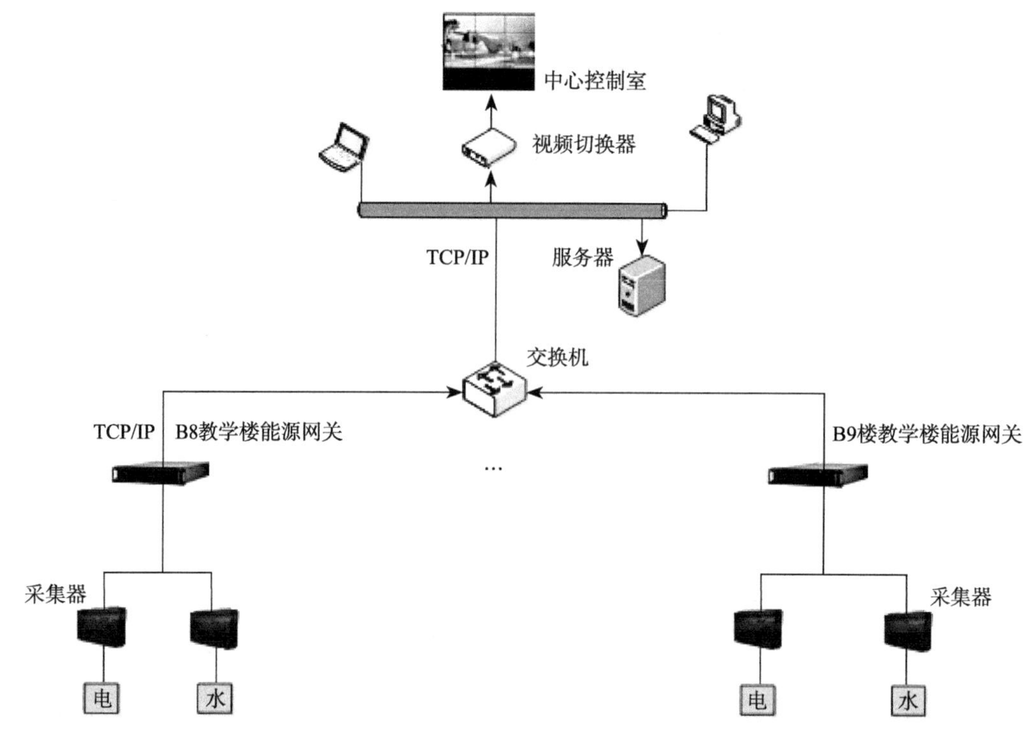

图2-3　数据计量与采集技术

和可靠性，在系统体系架构设计上采取了灵活的多层架构形式，采用了典型的三层架构，即用户界面层、应用服务层、数据实现层。

另外，也有部分公共机构采用基于Java语言的平台构建技术。Java是一门面向对象的编程语言，不仅吸收了C++语言的各种优点，还摒弃了C++语言里难以理解的多继承、指针等概念，因此Java语言具有功能强大和简单易用两个特征。Java语言作为静态面向对象编程语言的代表，极好地实现了面向对象理论，允许程序员以优雅的思维方式进行复杂的编程。Java具有简单性、面向对象、分布式、健壮性、安全性、平台独立与可移植性、多线程、动态性等特点。Java可以编写桌面应用程序、Web应用程序、分布式系统和嵌入式系统应用程序等。在高校的节能监管平台的构建中，基于Java语言，采用同MVC的三层框架技术，实现数据层、业务层、展示层的分层构建，即数据采集与存储、数据与点位的拆分、功能模块（如数据的统计分析、报表展示等）的模块化构建。

4．节能监管平台的可拓展性

对于公共机构而言，其节能监管平台的建设不是一朝一夕之功，系统的构建与升级是长期的任务。在系统构建过程中，应充分考虑节能监管平台的后续功能拓展，预留相应的开发接口。

以天津大学的校园节能监管平台为例。在平台建设前，对国内这方面工作做得较好的几所高等学校进行了考察研究，充分吸取建设经验，并根据自身实际需求，建立起了具有能耗实时监控、电能分项计量、数据汇总统计三大功能的“两级平台”校园数字化能耗管理系统。监管平台基于面向服务（SOA）架构设计，具有较高的扩展性，可为第三方系统提供各种标准数据访问接口。

2.2.2 节能监管平台中的节能管控

实际运行数据是建筑运行状况最真实的反应，对于公共机构而言，监管平台中存储的数据可以为其节能运行、节能管控等提供数据支持。

能源监测平台作为公共机构节能建设的切入点，对推进公共机构能源管理工作科学化、规范化、指标化具有不可替代的作用。以高等学校为例，根据校园能耗监测数据，能够实现建筑标杆设置及部门能耗定额等功能，为进一步管理节能提供科学指导依据，为能源节约与节能改造提供依据。在科学合理的计量、统计基础上，建立能源指标体系，制定能源使用计划。总之，节约型校园节能监管体系建设与推广过程中注重能耗监管平台的功能完整性、可扩充性，加强维护，可以有效地确保充分发挥监管平台的作用。

例如天津大学在建设节能监管平台过程中，实现了基于精细化数据分析的专家辅助分析系统，对不同学科、不同类型专业、学生数量、单位面积、能源分类分项、环境影响等进行了详细的分析，从而可以准确找出能耗使用弱点，建立合理、可验证的考核评价体系。

对涉及的相关节能管控，相关的节约型校园节能监管平台具有相似的特征，其系统示意图如图2-4所示。

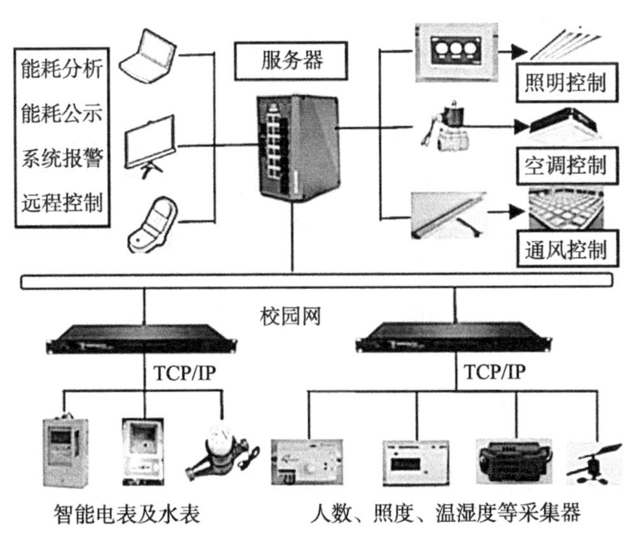

图2-4　高校节能监管平台中的节能控制系统示意图

总之，建筑能源监管平台建成之后的实际运行数据，是实现精细化管控、更高目标节能的重要数据基础。

1．建筑能源监管平台中的节能管理模型

建筑能源监管平台的一大重要功能，就是对能耗进行管理，节能管理模型是实现能耗管理的重要前提。通过在节能监管平台中嵌入预定义的节能管理模型，可以有效地发掘能耗故障、实现能耗管理。

以华南理工大学为例，华南理工大学是全国首批节约型校园示范高校中第一个通过验收鉴定的单位。在建设节约型校园过程中，华南理工大学坚持以节能科技创新、管理改革、设施改造和宣传教育为重点，建立了建筑能源监管与节能控制体系，实现能源分类、分项计量、能耗分析、能耗评估、定额管理、决策支持以及空调、照明、太阳能热水等重点耗能设备的节能管理控制。该校积极开展城市级空调节能集中监管体系研究，研制了中央空调节能集成优化管理控制系统、区域集中供冷二级冷量交换站冷量管理控制系统等一系列科研成果。

华南理工大学的节能监管平台从管理模型和实际系统两个层面进行了设计和构建，以保证平台从理论到实际架构都能达到预期的监管效果。

1）能耗全生命周期管理模型

建筑的能源消耗是一个复杂的、动态的难以预知的过程，为了能够实现建筑的精细化的有效管理就需要准确掌握能源消耗的原因、过程以及结果，因此我们提出了一个建筑运行时的能耗全生命周期管理模型，包括建筑能耗来源预测与分析、建筑能耗多目标优化与智能控制、能耗异常捕捉与在线分析反馈，最终实现一个可自学习的全自动的全生命周期的管理模型。

2）多级阶梯管理模型

平台提出一个从房间—楼宇—校区的多级递阶节能管理模型，建立标准化的数据传输体系，数据逐层分析及传递，不同级别之间，同级别的不同实体之间，都可以使用不同的管理策略。

3）能耗分析模型

采用基于“OLAP”（联机分析处理）的多维分析技术对能耗数据进行有效集成，按多维模型予以组织，从多角度、多层次进行分析，揭示数据使用趋势。此外，引入神经网络中的SOM（自组织特征映射）技术，对能耗变化特性、影响因素进行映射归类，找到影响能源使用的最重要因素以及能耗数据与时间的映射关系及变化特征。在数年长期统计数据的基础上，总结出图书馆、教学楼、宿舍和办公楼等类型的楼宇不同的能耗曲线特征。

4）能耗预测模型

在预测模型的基础上，主要使用BP神经网络进行预测，实现小时、天、周、月、季度等精度的能耗数据预测。此外，还引入预测值误差分析技术，及时向用户提供能耗趋势、预警信息，同时分析预测值的精确程度及影响因素。

5）能耗缺陷管理模型

能耗缺陷管理是指能源消耗过程中由于“人为”“故障”或其他不可预知原因而造成的显式或隐式的能源浪费现象。该管理模型把能源作为对象，抽象为多个量化的属性值组成，根据每个属性值的变化进行能耗描述、能耗归类、能耗缺陷修复、能耗缺陷记录、能耗缺陷跟踪等，以处理各类能耗缺陷现象。

6）能耗差别化管理模型

在能耗分析模型的基础上，将不同性质的楼宇归纳，不同的类别进行差别化管理，包括能耗差别化数据挖掘、差别化方案定制建议、方案选择建议三个部分。

2. 基于能耗统计和分析的节能制度

公共机构建筑能源监管平台在建设过程中，基本100%都实现了能耗计量和能源审计，因而基于监管平台的相关数据统计功能，可以建立有效的节能制度。

1）能耗统计与对比

能耗统计对比分析主要用于按照不同建筑、不同时间段、不同组织的分项统计总能耗、单位面积能耗、用电能耗、用水能耗、用热能耗等对周期（日、周、月、年）能耗进行统计分析，包括堆积柱形图、升序图、降序图、饼图等分析展示方式。在分析结果的基础上进行相关的能耗指标评价。可提供不同类型建筑、不同功能建筑在任意时间段的能耗百分比数据，让用户掌握其能源消费结构。

能耗统计对比可按照某一个特定的建筑、单位和特定的能耗人群，选择历史同期时段进行能耗的纵向对比，可以发现能耗的变化规律以及能耗的同比趋势。系统可以提供多种对比分析方式，包括有工作时段/非工作时段对比，工作日/非工作日对比，相同类型对比，不同时段对比等。

通过对能源消费结构，各建筑物能耗对比，重点耗能设备分析、人员结构与能耗对比等分析，可以生成相应的各类格式化或自定义式的分析报表内容，充分帮助平台使用者有效计算能源消费在建筑全寿命周期内运营成本中的所占比例，以期实现自主能源审计管理。

2）能耗排名与公示

所谓能耗排名，即对不同建筑能耗情况在指定时间段内进行排名，及时把握高能耗部门和建筑物，划定能耗监管重点对象，并可在一定范围内公示排名情况。

当前诸多公共机构的建筑能源监管平台系统基本都可以通过Web方式向公众公示各类建筑的能耗情况，通过比较各类建筑节能设计标准和建筑实际能耗，评价监测建筑的能效。通过对建筑能源利用状况进行定量分析，对建筑能源利用效率、消耗水平、能源经济与环境效果进行审计、监测、诊断和评价，生成辅助能源审计报告，支持导出功能。

对于公共机构而言，通过能源消耗排名与公示，建立节能评比制度，提高节能意识，建立竞争性的节能制度，具有重要意义。

3）能耗定额管理

定额管理可以为用户的能耗管理提供参考数据和监管数据，使学校的后勤管理朝科学化、智能化方面提升。平台可以为用户提供定额管理模式，用户也可以自己修改，每个账户都有独立的定额设计，在平台运行阶段，不断给出定额结算情况，并以图表等方式展示，便于领导决策、管理。

通过定额与实际用量对比图和预测差值曲线，可直接掌握各单位各阶段的用电情况，再结合各用电单位办公面积、人数等基础信息，分析单位面积、人数的用电情况，逐步调整用能指标，最终实现定额管理，便于各用能单位实行考核和收费管理。

对于公共机构而言，建设节能监管平台过程中，充分利用节能监管平台进行能耗定额管理，是实现公共机构节能的主要途径之一。

3. 嵌入节能监管平台的综合节能措施

建筑能源监管平台是对能耗自动化、可视化、精细化的管理实现途径，在实际的校园节能中，基于节能监管平台，与其他相应的节能技术结合，建立综合节能措施，是基于节能监管平台的最有效利用途径。

以广东工业大学为例，广东工业大学的校园节能监管平台融合了能耗监测、能源审计、图书馆综合节能改造、水源热泵空调控制、校园计费系统等。广东工业大学研发了一套能耗数据采集及节能精细化监控系统，完成了图书馆的部分节能精细化改造（中央空调、天窗联动控制等），实现了依据功能划分的分时分区、差异性的照明系统控制策略，基于“温度采集+人数统计+限温策略+时间预置管理”的空调末端控制策略，以及基于天气实况和室内空气质量（CO_2浓度）的天窗开启新风系统控制策略。经第三方节能检测，系统的综合节能率达到10.38%，年节约能源费为40.3万。广东工业大学研发并实施了一套高效、绿色低碳的开式湖水源热泵空调系统，搭建了一个新能源技术应用及示范推广展示平台。系统具有运行稳定、能效比高、受外界环境影响小等优点。经第三方节能检测，系统机组能效比*COP*达到4.5W/W以上，系统能效比达到3.81W/W。制热性能系数达到国家1级标准，制冷性能达到国家2级标准。比普通分体式空调节电43.5%左右。广东工业大学根据学校的实际情况，建立了中央及分体空调智慧控制、智慧路灯、直饮水、地下三维管网探漏等一系列节能项目库，完成了夏热冬暖地区既有校园建筑节能改造技术，例如玻璃贴膜、基于教学日历的照明与中央空调联动控制的试点。试点项目实现了集中供冷中央空调、照明基于日常教学日历的联动智慧控制，对部分教室进行了玻璃贴Low–E隔热膜等节能改造技术研究与试点推广，并完成部分教室及图书馆的LED节能灯具的改造。经检测及用电量数据分析，系统综合节能率（含用冷量）达到21.6%。其中对比改造实施前后两年的节电效果，每年节约用电费用概算57.5万。

因而，在建设建筑能源监管平台中，应充分集合其他节能技术，充分利用好节能监管平台，建立综合的节能措施与策略。

2.3 公共机构建筑能源监控系统存在的问题

2.3.1 顶层设计方面

当前诸多公共机构在进行节能监管平台建设中，多是技术支撑单位、技术实施单位提供建设方案。对于平台的具体定位、平台应该实现哪些功能、平台是否符合自身的实际需要等问题缺乏深入的思考。这样将导致平台建成后，出现功能不全、不能满足实际需要等问题，从而使得平台不能很好地被使用。

“凡事预则立不预则废”，公共建筑能源监管平台建设也是一样。对于各个公共机构而言，由于其自身的属性特点、能源结构特点、使用人群特点不一而同，其建筑能源监管平台必然存在着差异，不可能千篇一律，应因地制宜，提出有自身使用特点的建筑能源监管平台是顶层设计的重要环节。

在实际调研的基础上，我们发现，当前的节能监管平台功能比较单一。实际上，公共机构建筑能源监管平台建设可以参照团体标准《绿色建材评价标准–控制与计量设备》T/CECS 10063—2019对建筑能源监控系统的要求（如表2–5所示），在做顶层设计的时候，合理选择适合于自身的平台功能和平台达到的星级标准，从而设计出适合于自己的功能模块和性能要求。

T/CECS 10063—2019对建筑能源监控系统的要求 **表2-5**

<table>
<tr><th rowspan="2">一级指标</th><th rowspan="2" colspan="3">二级指标</th><th rowspan="2">单位</th><th colspan="3">基准值</th><th rowspan="2">判定依据</th></tr>
<tr><th>一星级</th><th>二星级</th><th>三星级</th></tr>
<tr><td rowspan="3">资源属性</td><td colspan="3">开放性</td><td>—</td><td colspan="3">数据库开放调用</td><td rowspan="3">—</td></tr>
<tr><td colspan="3">可扩展性</td><td>—</td><td colspan="3">软件产品应提供升级功能</td></tr>
<tr><td colspan="3">请求响应时间</td><td>s</td><td colspan="3">≤10</td></tr>
<tr><td>能源属性</td><td colspan="3">系统节能率</td><td>—</td><td>—</td><td>≥10%</td><td>≥15%</td><td>需提供第三方审核报告（参照《节能量测量和验证技术通则》GB/T 28750—2012）</td></tr>
<tr><td rowspan="2">环境属性</td><td rowspan="2">安装运行环境</td><td colspan="2">历史数据存储要求</td><td>年</td><td>≥3</td><td>≥5</td><td>≥10</td><td rowspan="2">—</td></tr>
<tr><td colspan="2">拼接屏显示</td><td>—</td><td>—</td><td colspan="2">满足</td></tr>
<tr><td rowspan="21">品质属性</td><td rowspan="21">基本功能</td><td rowspan="20">软件功能</td><td>数据采集</td><td rowspan="6">—</td><td rowspan="6" colspan="3">满足</td><td rowspan="6">—</td></tr>
<tr><td>数据处理</td></tr>
<tr><td>建筑信息</td></tr>
<tr><td>分项统计</td></tr>
<tr><td>数据分析</td></tr>
<tr><td>报表查询</td></tr>
<tr><td>成本核算</td><td rowspan="15">—</td><td rowspan="15">至少满足9项</td><td rowspan="15">至少满足12项</td><td rowspan="15">至少满足14项</td><td rowspan="15">—</td></tr>
<tr><td>数据上报</td></tr>
<tr><td>能源绩效</td></tr>
<tr><td>能耗公示</td></tr>
<tr><td>重点用能</td></tr>
<tr><td>电能质量分析</td></tr>
<tr><td>能流图</td></tr>
<tr><td>能耗报警</td></tr>
<tr><td>通信报警</td></tr>
<tr><td>通信配置管理</td></tr>
<tr><td>权限管理</td></tr>
<tr><td>设备报警</td></tr>
<tr><td>后台管理</td></tr>
<tr><td>移动访问</td></tr>
<tr><td>信息安全</td><td>恶意代码和入侵攻击报警</td></tr>
</table>

续表

一级指标	二级指标			单位	基准值			判定依据
					一星级	二星级	三星级	
品质属性	附加功能	软件功能	能源审计	—	—	至少满足6项	至少满足8项	—
			能耗限额管理					
			故障诊断					
			远程抄表					
			设备配置管理					
			碳排放核查					
			配电室监测管理					
			日志管理					
			节水诊断					
			台账管理					
	拓展功能	新技术应用	GIS应用	—	—	—	至少满足3项	—
			能耗预测					
			节能诊断					
			BIM运维					
			企业云平台					
		优化控制	冷热源控制	—	—	—	至少满足1项	—
			空气环境控制					
			照明控制					
			动力控制					

2.3.2 建筑能源监管平台中的硬件问题

公共机构建筑能源监管平台的主要硬件是各类计量表具为电、热等能源消费、水资源消费的计量装置，包括电能表（含单相电能表、三相电能表、多功能电能表）、水表、燃气表、热（冷）量表等。在建筑能源监管平台的建设中，常见的硬件问题可以归纳为硬件选型问题和硬件安装问题。

1. 硬件选型问题

表具精度：在相关的建设导则中，例如《高等学校校园建筑节能监管系统建设技术导则》中，对各类计量仪表的计量精度进行明确要求，例如电能表的精确度等级应不低于1.0级、燃气表精度应不低于B级等，但是由于种种原因，在一些公共机构的建筑能源监管平台建设中，存在着硬件选型方面的问题，导致计量精度不能满足使用要求。

表具尺寸：对于计量仪表的尺寸，在相关的标准与导则中并未做明确要求，但在调研过程中，发现一些仪表在应用中存在尺寸选择问题。例如部分电表的配件（电流互感器）尺寸选择过小，导致不能安装在电路中；部分水表的公称直径与实际现场的管径不一致，导致安装中存在扭曲等现象。

2. 硬件安装问题

在调研过程中，部分公共机构建筑能源监管平台建设过程中，硬件的安装也存在着一些不容忽视的问题，这些问题直接影响后期的运行维护与管理。

新建建筑在安装电表表具时未能根据建筑整体电气规划合理布局安装，电表的安装位置不科学，从而最终影响用电量之间的对比。部分公共机构既有建筑的电表表具替换安装未能做好规划。对于水表、热表，部分公共机构进行监测点位安装过程中未能结合建筑的基建部门做好规划部署，也未能结合土建进行管井的修设；部分水表、热表监测点位的管井未进行防水处理，从而导致了水表和热表及其通信模块长期浸水造成损坏；除此之外，部分水表和热表等安装点位的位置不合理，未能考虑故障条件下人工抄表、检修等情况。

2.3.3　建筑能源监管平台中的数据采集传输问题

1. 数据采集

公共机构建筑能源监管平台的数据采集采用自动采集和人工采集两种方式，其中电、水、集中供暖、集中供冷及可再生能源消耗数据的监测采用自动实时采集方式，煤、液化石油、汽油等消耗量通过人工采集方式定期录入系统。

数据采集通过现场安装的电能表（含单相电能表、三相电能表、多功能电能表）、水表、燃气表、热（冷）量表等实现自动采集，所采用的多种能耗计量仪表等均能满足相应计量精度、计量参数、通信接口等技术条件。

公共机构建筑能源平台数据采集存在的共性问题主要体现在以下几个方面：

（1）分项计量归类不准确。一些公共机构，例如各部委办公楼、高等学校、医院等是建筑集群，用能设备多、电路拓扑结构复杂，致使现场勘察存在遗漏或错误；另外由于部分建筑年代久远，设计图纸等建筑基础资料缺失，部分线路、管线所覆盖的区域、属性不清，虽凭借技术人员现场摸查或维护人员回忆，但仍然存在部分电、水、热等分项能耗数据无法归类的现象，而只能采取“其他”项进行归类。

（2）由于分项线路改造实施难度大，成本高，造成分项不完整。既有建筑室内照明插座、空调末端往往公用电力支路，由于线路改造成本及实施难度大，使得室内照明插座和空调末端无法拆分，相应分项电量不完整。

（3）软件系统中电表倍数设置错误，造成实际消耗数据不准确。

2. 数据传输

公共机构建筑能源监管平台数据传输子系统由底层数据传输和网络数据传输两个部分组成，底层数据采集传输是实现多种能耗监测计量表计到数据采集器（网关设备）之间的网络链路，计量装置和数据网管之间采用RS-485或M-BUS等符合各相关行业智能仪表的有线或无线物理接口和协议；网络数据传输是通过数据采集设备（网关设备）和网络通道向建筑节能监管平台数据中心发送采集数据，数据网关使用基于TCP/IP协议网络，传输采用TCP协议。网络数据传输主要通过本地局域网、独立组网方式将数据网关数据传输到数据中心。由于一些公共机构规模较大，通过由连接数据网关与数据中心之间的数据中转软件实现，可安装在接入系统网络的PC内，为系统提供分散设置于各建筑中的数据网关与数据中心的数据中转及服务功能。

公共机构建筑能源监管平台数据数据传输存在的共性问题主要体现在以下几个方面：

（1）数据中心与计量表具之间数据不一致。由于系统设置线路与实际不对应、电表倍数设置错误等原因，造成数据中心平台所显示的计量数据与现场安装的计量仪表读数不一致，进而导致层级计量累计偏差超出合理范围区间。

（2）上传数据存在数据丢失等质量问题。由于计量仪表、采集器及网关、网络等出现断电、故障、信号弱等原因，造成上传数据丢失。

2.3.4 建筑能源监管平台中的软件功能问题

1. 数据分析功能偏弱

绝大部分公共机构建筑能源监管平台的数据分析功能偏弱，包括用能报警逻辑、能源审计功能，无法有效挖掘节能潜力。常见的问题有：报警类型单一，缺少对能耗异常报警的分析，缺乏报警跟踪，未设置响应处理机制；能源审计格式、内容简单，无法有效指导节能潜力分析；缺少重点设备的对比、能效分析；缺少异常能耗的诊断、定额、对比分析。

当前，众多建筑的节约型监管平台对数据的利用主要集中于数据的展示和基础分析，例如能源审计和能效公示，缺乏高级功能，如能量阈值设定能耗限值、用能数据分析指导节能管控、实际数据挖掘建立控制策略措施等，这些功能的缺乏，使得当前的节能监管平台数据利用不充分，需要在下一步的工作中深入挖掘数据的应用。

目前公共机构的节能管理尚处于粗放和低技术水平改造阶段，应充分应用监管平台的海量数据，经统计分析，寻找合适的节能途径，可以在未来进一步释放节能潜力，真正发挥监管平台的节能数据分析、数据驱动建设的导向作用。

2. 节能监管平台管控欠缺

从表2-4中可以看出，当前绝大部分公共机构的平台主要以监测功能为主，更像是一个监测平台。各公共机构在项目建设的过程中，注重能耗监测平台的建设，而忽略了节能管控方面的内容。其实，能耗监测平台的建设仅仅是公共机构节能工作的一个抓手，要降低公共机构建筑的能耗水耗，真正实现节能潜力向节能量的转变，必须要进一步发挥平台在管控方面的作用，推进节能改造向纵深方向发展。否则，不利于公共机构能耗监管体系建设的整体推进，也很难实现节约能源的目的。

根据类似的节能监管平台建设的调研与总结，公共机构的建筑能源监管平台的功能可以进一步拓展，在建设过程中应充分结合BIM、数据分析、智能管控、信息安全等技术等，建设更加完善的监管平台，增加管理功能，例如能耗限额管理、设备管理、设备台账；增加新技术应用，例如GIS应用、能耗预测、BIM运维；增加优化控制功能，例如冷热源控制、空气环境控制、照明控制等。

2.3.5 建筑能源监管平台后期运行与维护方面

1. 建筑能源监管平台资金配套不足

以高等学校为例，经过调研，建设完成能耗监管平台的高校中，有17%的高校用国家财政投入的资金建设了本校的能耗监管平台，未进行资金配套；有23%的高校的平台建设投入在1000万元以上，有48%的高校除使用示范资金外，还配套投入了不多于600万元的资金，资金配套率一般不高于1.5倍。

平台维护资金包括表计、采集器等硬件维护成本，还包括维护人员工资和信息费成本等，在调研的高校中，80%的高校平台维护资金量在30万元以下，其中45%的高校维护经费少于10万元，维护经费不到平台建设经费的5%。

综合分析，可以发现：

在建成平台的高校中，大多数高校的平台建设资金在1000万元以下，除财政支持的示范资金外，学校在资金投入上有1：1配套的仅占所有高校的36%，大部分高校的配套建设投入不足；平台建成后，需要专业的维护力量对平台的软硬件升级和维护，平台维护资金投入必不可少，大多数高校的平台维护资金不足建设投入的5%，后续维护资金落实不到位，将影响能耗监管平台的可持续运转。

2. 后期运行维护不到位

目前很多公共机构在能源管理及监测方面投入了大量经费，但没有充分发挥平台作用，而且后期缺乏必要的资金支持，维护与更新力度小。例如，某医院能源监测平台，由于维护不到位、计量基础设施更新不及时，因此无法对院区内各建筑的用能系统进行实时计量，极大消减了其能耗分析、节能诊断的功能。

以常见的计量表具后期维护为例。对于电表而言，在平台的管理方面中节能监管系统的日常维护及时到位，对能耗监测数据的全面性和可靠性十分重要，以避免表具的人为损坏；一些公共机构配电柜内的通风及干燥情况有待提高。对于水表而言，在节能监管系统用水监测点位安装结束的同时，公共机构后勤或节能管理部门应建立健全日常运行维护管理制度，避免发生管井长期被水浸泡、管井被填埋等现象的发生，确保用水监测点位的安全正常运行。在热表方面，公共机构节能管理部门应建立健全日常运行维护管理制度，避免发生热力表具人为损坏和管井被填埋等现象的发生，确保建筑热力监测点位的安全正常运行。

3. 后期管理运维团队不够完善

能源管理队伍建设与节能形式发展脱节，能源管理机构正式编制少，队伍多为劳务派遣员工，人员流动性大。由于能源部门受重视程度不高，难以招聘到高素质的管理与技术人才，且现有的队伍缺乏培训学习的机会。

对节能监管平台的使用培训也是重要的工作。定期进行专业培训，加强能源专业队伍建设。专业化的人才队伍是能源监管成功、日常运营和跨界发展的保障。公共机构应提高对能源管理部门的重视程度，给予编制和经费等支持，吸引具有能源管理、节能技术等相关专业人才。通过“走出去”和“请进来”等方式加强对现有人员的专业培训，建立一支具有专业水准、符合节能发展趋势的能源管理队伍。

2.4　公共机构建筑能源监控系统的发展方向

上述内容分析了我国公共机构建筑能源监管平台的建设现状及其中的不足，可以看出，未来公共机构建筑的建筑能源监管平台建设的两个方向：

（1）监测、管理与智能调控并存：目前公共机构建筑的能源监管平台更多的是以监测为主，平台中缺乏相应的管理和控制措施。平台中的数据未能得到充分利用，使得能源监管平台丧失了最重要的一部分功能。未来的公共机构建筑能源监管平台更多的将是以监测为基础，在监测数据的基础上，融入管理手段和智能调控技术，使平台充分发挥出节能作用。

（2）“四位一体”集成化系统平台：在建筑能源监测平台的建设中，为了能实现监测、管理和智能调控技术的并行化运作，对于平台建设而言，应当在统一数据库、统一数据平台的基础上，实现能耗监测、环境监测、机电设备智能管理和能源调控各种模块化的集成。各功能模块之间既相互独立，又可以单独运作；同时，各功能模块之间互相促进、互相协调，建设成为功能齐全、手段先进的“四位一体”平台系统。

第3章　供暖系统智能调控技术

随着经济的发展和城镇居民生活水平的提高，人们对居住和工作地点的室内环境也提出了越来越高的要求。例如我国北方城镇居民希望供暖期可以适当延长，并对供暖期间室内温度进行动态调控；南方城镇居民对冬季采用集中供暖的呼声也越来越高。总体看来，我国居民供暖的需求愈发旺盛，供暖面积逐年增加，但是国内的供暖系统普遍存在能源利用率低、系统设置不合理、运行管理调节困难和环境污染严重等多方面问题，这些突出的问题严重地阻碍了供暖系统的持续健康发展。为了应对供暖形势下的新问题，推动供暖行业健康合理发展与我国“节约资源，保护环境”的国家政策相适应，需要应用传统或非传统方法对供暖负荷进行预测，为供暖系统的运行调节收集依据。

3.1　传统供暖系统控制方法

3.1.1　供暖自控系统基本构成与原理

供暖系统的自动控制系统通常由两级式分布式系统，第一级为现场控制站，第二级为中央管理工作站。

监控系统应由现场控制站、通信网络、中央管理工作站组成。现场控制站与中央管理工作站之间可通过有线或无线网络连接，形成分散监控、集中管理的运行模式。

1. 现场控制站宜具有下列功能：

（1）实时参数与设备状态显示。

（2）被控参数的自动控制（PID或开关控制）和程序控制。

（3）本地手动操作。

（4）设备的联动、联锁和自动保护功能。

（5）各系统水、电、燃料监测及显示。

（6）可通过现场控制器进行参数设定和运行模式选择。

（7）参数异常和设备故障的报警及显示。

（8）具有多种通信标准接口，可通过有线或无线网络上传实时数据和报警信息，下达各种操作指令。

（9）具有断电保存控制程序及历史数据存储功能，可在规定的期限内保存相关数据。

2. 中央管理工作站宜具有下列功能：

（1）轮询方式监测、显示各现场控制站运行参数和设备状态，即时查询某个现场控制站的实时数据，记录和存储一定时间内的所有运行及相关数据。

（2）对整个系统进行远程操作，对指定的监控系统设备做启、停的操作。

（3）设置、修改控制算法、群控系统、连锁保护、均衡调节系统的参数。

（4）参数超限报警、事故报警及断电报警的记录和恢复功能；联动、联锁等保护功能。

（5）参数列表、故障列表、曲线图、运行日志及多种报表自动生成的功能。

（6）各系统的水、电、热、燃料的能源消耗记录、分析、管理的功能。

（7）采用Web服务器/浏览器的方式对外开放。

（8）设置可与其他弱电系统数据共享的集成接口功能。

3. 通信网络宜具有下列功能：

（1）根据现场控制站的规模、系统要求、生产管理体制等因素统一规划调度通信方式。

（2）通信采用成熟、开放、通用的标准协议与接口。

（3）数据通信宜采取安全措施。

（4）数据通信具备时钟同步功能。

3.1.2 供暖系统集中运行调节

公共机构供暖系统与建筑使用功能密切相关，依据《国家机关办公建筑和大型公共建筑能耗监测系统》的规定，根据建筑的使用功能和用能特点，公共机构分为8类：（1）办公建筑；（2）商场建筑；（3）宾馆饭店建筑；（4）文化教育建筑；（5）医疗卫生建筑；（6）体育建筑；（7）综合建筑；（8）其他建筑。其他建筑指除上述7种建筑类型外的国家机关办公建筑和大型公共建筑。

无论是采用集中供暖系统还是区域热源，公共机构都具有显著的间歇用热特点，且不同类建筑的用热时间不同。因此公共机构的供暖系统运行调节要适应间歇用热的特点。

为实现按需供暖，随室外气温的变化，在热源处进行供暖系统供、回水温度、循环流量的调节成为集中运行调节。

质调节：整个供暖期间根据室外气候的变化改变供水温度，通常采用气候补偿、分时段、固定控制等控制模式。集中质调节只需在热源处调节供暖系统公司温度，运行管理简便，因此应用比较广泛。但由于运行中循环流量不变，水泵的运行能耗较高。当供暖系统存在多种类型热负荷时，在室外温度较高时，供水温度难以满足其他种类热负荷的要求，例如供暖系统连接暖风机供暖用户时，系统供水温度不能太低，否则暖风机的送风温度偏低，使人产生吹冷风的不舒适感。在这种情况下，质调节应集合其他调节方式进行。

量调节：在整个运行期间，供暖系统的供水温度保持不变，随着室外气象参数的变化，在热源处不断改变管网的循环流量。量调节的最大优点是节省电耗。存在的主要问题是循环流量过小时，系统将发生严重的热力工况垂直失调。

分阶段变流量的质调节：在整个供暖运行期间，随室外温度的升高，可分成几个阶段减少循环流量，在同一调节阶段内，循环流量维持不变，实行集中质调节。这种调节方式是质调节和量调节的结合，分别吸收了两种调节方法的优点，又克服了两者的不足。

间歇调节：在整个供暖运行期间，只改变每天的供暖时数，不改变其他运行参数，称为间歇调节。供暖系统每天的供暖小时数，随室外温度的升高而减少。

公共机构供暖系统采用上述四种方式进行运行调节。大部分公共机构供暖系统不具备热量调控的功能，仅能人工手动调节或简单以调节供水温度为目标的质调节。质调节的精准度与水温调节曲线相关，但由于建筑物的设计热耗指标和散热器安装面积均大于实际需要，导致水温调节曲线常常不符合实际运行要求。

总体来讲，供暖系统的集中运行调节在精细化、精准化上仍有潜力可挖的。本书的重要研究成果之一是基于供暖数据，对供暖量进行预测，实现供暖系统的自适应控制。自适应动态调节与常规的预测控制不同。预测控制可由预测模型、滚动优化、反馈校正三大特征所概括。通常的预测控制强调的是模型的功能而不是结构，只要模型可利用过去已知的数据预测未来的系统输出行为就可以作为预测控制的模型。由于实际系统存在着非线性、时变、模型失配和干扰等不确定因素，使得基于模型的预测不可能准确地与实际相符。在常规的预测控制中，对于这些实际的不确定因素，是通过模型预测误差不断进行校正的。也就是说，在预测模型中，通过输出的实测值与模型的预测值相比较，得出模型的预测误差，通过预测误差不断进行校正。自适应动态调节同预测控制的目标相同，都是控制未来系统的输出行为从而调节当前系统行为，不同的是，自适应动态调节，是一种基于机理的非灰色模型，是通过引入未来的影响因素值，输入一个确定模型，输出当前的系统行为值。理论上讲，如果对于未来影响因素值的预测足够精准，自适应动态调节将具有比预测控制模型更精准的控制行为和更合理的调控效果。

自适应动态调控思想的最终目标是实现“按需供暖”。自适应动态调控方法，是基于两方面考虑：第一，传统的依据稳态调控分析得出的供回水温度曲线，并不是真正的按需供暖；第二，当前基于反馈调控思想的气候补偿技术并不能结合供暖管网的热动态特性很好的响应建筑的动态需热量。自适应动态调控对于上述因素的改变，也是从两个方面出发：第一，采用动态分析计算建筑的需热量，从而整理出供回水温度曲线；第二，输入气象预报参数，结合供暖管网的热动态特性，自适应动态调控供暖管网，以使供暖量较好的响应建筑的动态需热量。

对于自适应动态调控方法来说，由于回水温度是未知的，不能直接确定回水温度值。因此，自适应动态调控处理中，近似认为在室内温度保持相对稳定的状态下，散热设备的散热量仅与供水温度有关系，也即散热量与供水温度是一一对应的关系。

自适应控制预测的是建筑的需热量，如何根据需热量进行实际的供暖调控的指导。需要结合供暖管网的基本调控策略，即引进调控条件，也就是要将调控方式转化为数学模型，实现供暖系统的质调节、量调节。

3.2　供暖量预测方法

3.2.1　供暖量预测影响因素分析

公共机构属于公共建筑，应符合国家标准《公共建筑节能设计标准》GB50189—2015的第4.5.2和第4.5.3条规定，应计量设置集中供暖系统的供暖量，采用区域型冷源和热源时，在每栋公共建筑的冷源和热源入口处，应设置冷量和热量计量装置。采用集中供暖空调系统时，不同使用单位或区域宜分别设置冷量和热量计量装置。

公共机构通常采用市政集中供暖系统，一般在换热站一次网处设置热计量表，具有远传功能，能够远传实时监测用热量。影响供暖量主要有以下两大方面：

（1）用热方：建筑物因素。其中，固定因素包括：建筑物的节能设计及质量，建筑物门窗的设计及质量，建筑物的体形系数等；人为因素包括：室内温度的调节，门窗的及时开闭等。

（2）供暖方：供暖系统因素。其中，固定因素包括：设备的运行效率及本体能耗（锅炉效率、水泵效率、辅机能耗），设计合理性（热损失、管道阻力），系统的严密性等；人为因素包括系统的平衡调节，系统的按需分配。

3.2.2 供暖量预测方法

目前，我国多数供暖公司调控供暖运行参数采用的仍然是“稳态供暖结合气候补偿”的思路，甚至不少供暖公司还没有安装气候补偿设备。“稳态供暖结合气候补偿”的思路忽略了对室内温度有影响的其他气象参数，例如太阳辐射、风速风向等，造成供暖量与需热量数值上的不匹配；同时，由于供暖管网本身滞后性和围护结构热惰性的存在，反馈补偿调节还会造成供暖量与实际建筑需热量时间上的不匹配。这种运行模式的直接后果：一是用户室内温度波动明显，日暖夜凉现象较为普遍；二是没有充分利用太阳辐射的得热量，造成了能源的浪费。特别是随着我国建筑节能标准的提高，其他气象参数的影响越来越不能忽视。

由于供暖系统的复杂性及建筑物和系统的热惯性，力图通过物理模型来建立供暖负荷预测的数学模型是很困难的，所以目前大多数的预测方法都是建立在对历史数据统计分析的基础上。

根据预测模型对未来的描述能力，即预测周期的长短，热负荷预测方法又可以分为：短期负荷预测、中期负荷预测及长期负荷预测。所谓短期负荷预测是指预测出未来0～24小时之内供暖系统负荷的变化，其目的是使热源的供暖量与热用户所需热量相匹配，进而使整个系统能够协调高效地运行；而中期负荷预测的周期为3～7天，其目的是为供暖系统制定生产计划、维修计划、运输计划及人员和财务计划提供依据；长期负荷预测一般指年度负荷预测，其目的主要是为供暖系统的优化及规划提供依据。用于供暖调控的预测是短期预测，本书重点研究基于数据的短期预测。

基于ARMAX模型对负荷进行预测，该方法对短期负荷预测的误差较小，其不足之处在于预测误差随预测步数的增加而增加，无法反映实际供暖系统的非线性及时变性，当系统结构发生变化时，原有负荷模型不再使用。

采用灰箱法进行区域供暖系统耗热量的模拟研究，并在实际工程中实现了基于气象预报数据和SCADA系统的耗热量在线预测。首先根据物理意义建立初始模型结构，得到耗热量与室外温度、风速、太阳辐照量等变量的关系框架；然后利用实测数据通过局部回归和最小二乘准则逐步完成结构模型的系数拟合；最后引入高斯白噪声干扰项，对残余值序列进行ARMA模型拟合，并用相关性及似然比对模拟结果进行分析。

灰箱法基于一定物理意义建立模型，可减小搜索空间以防止溢出，同时又保留了统计方法的优势。无论是黑箱法还是灰箱法，现有负荷研究方法均没有考虑室温变化情况，而依赖于实测得到的数据仅有耗热量，要全面反映负荷情况，还须考虑室温；其次，耗热量、气象等实测参数往往是逐时采集的，计算模型的时间步长几乎都以小时计，而温控阀等控制器的时间相应过程是秒级、分钟级，因此上述模型无法反映出控制过程中参数的高频响应。

人工神经网络方法（ANN）是一种由大量简单的人工神经元广泛连接而成，用以模仿人神经网络的复杂网络系统。它在给定大量的输入/输出信号的基础上，建立系统的非线性输入/输出模型，对数据进行并行处理，实质上它是把大量的数据交给按一定结构形式和激励函数构建的人工神经网络进行学习，然后在给出未来的一个输入的情况下，由计算机根据以往的"经验"判断应有的输出。该方法实际上是对系统的一个黑箱模拟。

回归方法是基于供暖系统本身积累的历史数据，通过回归分析，寻找预测对象与影响因素之间的因果关系，建立回归模型识别出供暖量与影响因素的关系函数，可采用R^2等方式来评估拟合的质量，通过拟合函数进行预测，而且在系统负荷发生较大变化时，也可以根据相应变化因素修正预测值。这种预测方式完全可以满足供暖系统短期的运行需求。

采用最小二乘法，为获得集中供暖系统当天的供暖量可以用前几日的供回水平均温度和室外平均综合温度来计算，采用了最小二乘法求得了各项的系数，来拟合求出了当天的室内平均温度、供水温度、回水温度以及循环水流量。

为了提高预测精度，尝试将多种算法集成，例如遗传算法和BP算法结合在一起从而形成一种混合算法（GA–BP算法），也有尝试将最小二乘法模型、时间序列法模型以及RBF神经网络模型形成组合算法预测模型；或者采用两个三层的BP神经网络的级联神经网络（CNN）。

此外，时间序列法、ARMA（自回归—移动模型）法等方法在热负荷预测中也得到了一定程度的应用，但是这些预测方法也都存在着自身的一些问题，还未能在工程中应用。研究发现其中的回归模型最适用于控制策略中的负荷研究。

上述各类算法已经渗透进入供暖量预测中，但还有许多地方需要改进：（1）预测的准确性有待提高；（2）需要的数据样本庞大，训练时间过长；（3）算法复杂，需要大量的计算资料，需要人工调参，在工程应用中受限制。综上所述，回归方法不需要庞大的资源，更适合在供暖系统中大量应用。

在综合比较多种供暖量预测方法的前提下，本书最终选用前馈型神经网络方法作为供暖量预测的方法。

前馈型神经网络，又称前向网络。神经元是分层排列的，分为输入层、隐含层和输出层；同时，每一层的神经元只接受前一层神经元的输出，然后再传递给下一层。其中，隐含层即中间层，它可由若干层组成。

大部分前馈型神经网络是学习型网络。它们的分类能力和模式识别能力都很强。典型的前馈型神经网络有感知器网络、BP网络、RBF网络等。前馈型神经网络结构见图3–1。

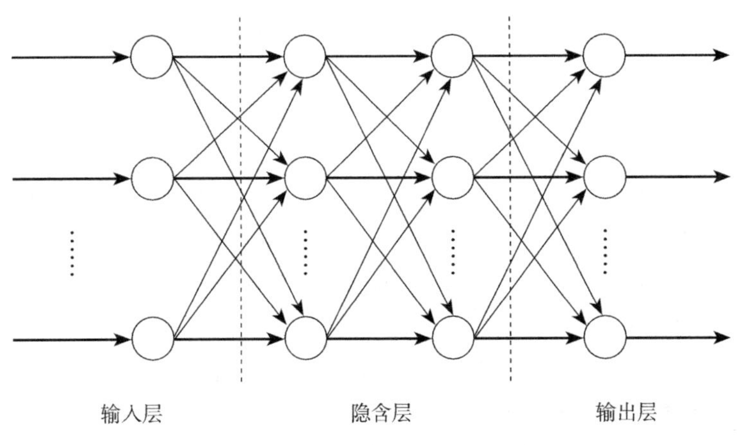

图3–1　前馈型神经网络结构图

3.3 供暖系统自适应控制方法

3.3.1 数据收集及清洗

1. 数据收集

换热站监控的目的是本地化、自动化控制和远程调控，能按监控中心下发的控制策略和控制目标进行。监控系统主要采集数据为气象信息、换热站的运行状态，一级水泵、阀门等设备的调控参数。换热站数据采用实时采集、10min的存储间隔，气象信息从中国气象网获取，每小时获取一次。

换热站采集显示参数如下：

（1）压力（压差）（MPa）：一次网供、回水压力及压差（计算值），二次网供、回水压力及压差（计算值），一、二次网除污器进出、口压差（计算值）。

（2）温度（℃）：一次网供水、回水温度；二次网供、回水温度、室外温度（仅换热站有），一次侧供、回水温差（计算值），二次侧供回水温差（计算值）。

（3）流量/热量：一次网供水瞬时流量（t/h）、累积流量（t）、累计热量（GJ）。二次网供水瞬时流量（t/h）、累积流量（t）、累计热量（GJ）；换热站内的补水瞬时流量（t/h）、累积流量（t）、自来水表累积流量（t）。

（4）液位：补水箱液位（m）。

（5）频率（Hz）：循环泵、补水泵运行频率。

（6）状态：循环泵运行、故障状态（变频），本地/远程状态；补水泵运行、故障状态（工频/变频），本地远程状态。

（7）报警情况：显示相应的报警，例如变频故障、市电停电、供压超高、液位超低等。

气象信息采集如下：

（8）日气象信息：最高温度、最低温度、气象、风向、风力等级。

（9）预测整点气象：温度、气象、风向、风力等级。

2. 数据清洗

供暖系统通常在非供暖季停电，到供暖季前才会陆续上电，通信设备、仪器仪表经过漫长的非供暖季停运后，经常出现问题，需要进行数据清洗。因此在供暖季之初，通常有一段时间出现通信本身积累的数据，普遍存在缺失、异常数据、数据错位等现象，因此在数据分析之前一定要对数据进行预处理，才能保证数据分析的准确性。同样，数据的采集和存储周期不同，例如热力站的数据通常采用实时采集、10min存储，而气象信息为1h的采集存储频率。

针对上述情况，数据的清洗的目的主要完成：（1）因通信不稳定性造成的时间断点、热值陡变点、长时热值零点等数据错误，给出清洗方案，保证输入模型的数据更加合理高效；（2）对气象数据的对齐插值，为后续模型训练和预测做好数据准备。

1）数据可用性标准

根据前期测试与调试，为保证模型预测稳定有效，提出如下数据可用性标准：

（1）数据总点数不少于200（间隔10min，即约33h）。

（2）依据时间断点和热值断点对数据分段，须至少有一个分段长度不小于200，其中时间断点的定义为：前后两点的时间间隔大于15min，则认为时间断点存在于两点之间；热值断点的定义为：出现连续6h以上的热值恒为0，则认为热值在此处存在断点。

2）具体清洗方案

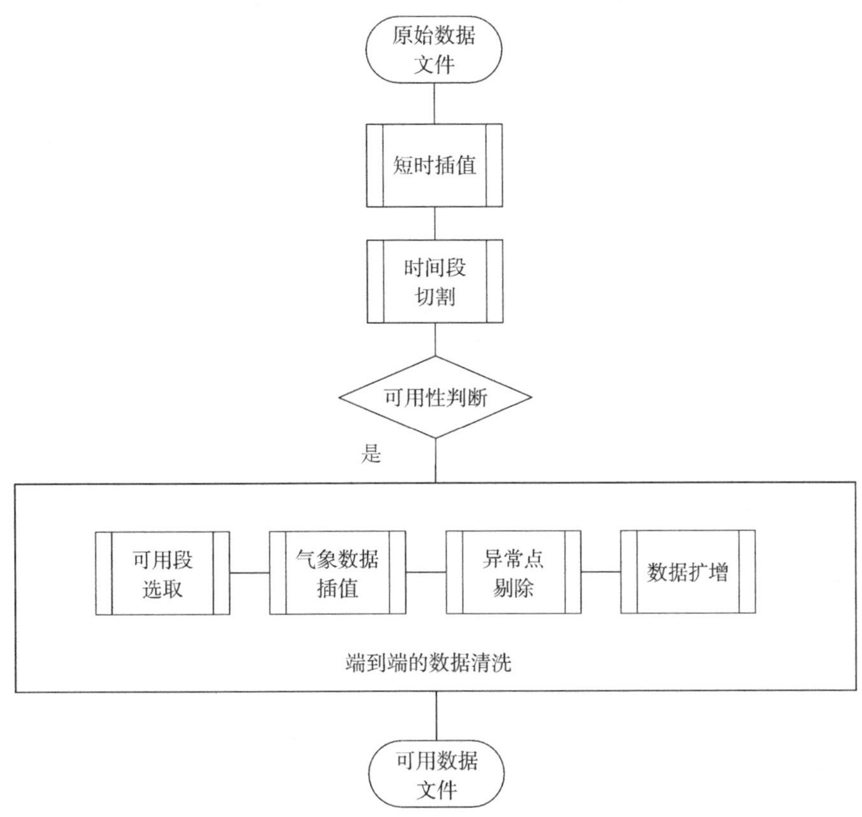

图3–2　数据清洗流程图

具体的数据清洗流程如图3–2所示，其中：

（1）短时插值：为提升数据可用性，我们对断点间隔在1h以内（含1h）的断点处进行临近值插值，即在间隔小于1h的时间断点位置插入若干条热值为断点前后均值的数据点。

（2）时间段切割：舍弃供暖期开始和即将结束时的不稳定数据，即只保留11月15日～次年3月15日间的数据。

（3）可用性判断：即按前述可用性标准检验（2）的结果的可用性，若可用数据不足，则放弃使用该数据（如果是历史数据文件，则弃用；如果是预测数据文件，则无法对该热源/换热站进行预测）。

（4）可用段选取：考虑到热值预测是典型的短时时间序列预测问题，因而只选取最邻近预测时间点的一个可用片段作为模型训练的数据依托。由于（3）已经进行了可用性判断，因而此处一定存在一个可用片段，但如果该片段距离预测时间点太远（72h以上），预测精度会急剧下降；需要引入人工干预。

（5）气象数据插值：考虑到气象温度的平稳性，我们仅使用每个时间点及其后6h、12h、18h和24h共5个时间点的气象数据。我们将对应时间点的气温、风力插入到相应数据点后，共同组成输入模型的自变量集合。

（6）异常点剔除：考虑到热值数据的短时平稳性，即相邻10min的系统用热量不会陡升或陡降，我们将前后升、降5倍或峰平比超过10倍的冲激峰和冲激谷对应的热值点拉回到前后均值水平，相当于剔除了这些异常点。

（7）数据扩增：首先按小时间隔抽取对应单位小时用热量的数据，数据量在这个过程中缩小6倍；考虑到深度神经网络对数据量的依赖性，因而对数据做间隔10min的数据扩增，使得最终数据量与抽取前基本保持不变。

3.3.2 因素选择及热耗预测模型建立

1. 热耗预测模型制作方法对比

本书研究中拟选取回归模型和时间序列预测模型两种模型作为热耗的预测模型。前者包括多元线性回归（MLR）、多项式回归（polyR）、Lasso回归（Lasso）、梯度提升回归（GBR）、决策树回归（DTR）和基于BP神经网络的回归（bpR）；后者包括滑动平均模型（ARIMA）和长短时记忆单元（LSTM）预测模型。

实验结果显示，polyR和bpR在训练阶段容易过拟合，在验证测试中极难收敛；而ARIMA模型对数据的平稳性要求近乎苛刻，对不同数据进行平稳性分析的计算开销过大，且没有成熟的自适应机制。综上，经过前期研究和验证，我们保留MLR、Lasso、GBR、DTR和LSTM为最终的候选模型。

在实际选择中，首先进行模型选取的实验。选取424个训练样本（每个站、每一年的数据看作一个样本）中每一个样本，针对预测时长1~24h分别训练并验证MLR、Lasso、GBR、DTR和LSTM共五个模型，并从五个模型中选取一个最优模型，最后统计五个模型在总计424×24=10176个模型中的数量分布情况如表3-1所示。

模型选取实验结果 表3-1

模型	数量占比
MLR	23.65%
Lasso	17.86%
GBR	25.22%
DTR	5.40%
LSTM	27.88%

其中，选取模型的标准（也即研究定义的模型预测置信度）为：

$$置信度=R(t_1)-aveMSE \quad (3\text{-}1)$$

其中，$R(t_1)$为模型在验证集上的相对误差序列中，绝对值小于t_1的元素所占的比例；$aveMSE$为相对误差序列的平均值。

从表3-1中可以很明显地看到，在单供暖季样本中，LSTM、GBR和MLR占据了最优模型的绝大部分，因而最终选取MLR和GBR两种回归模型，和LSTM一起，作为模型集成的三个候选。

基于前述候选模型的选取工作，下面着重对MLR、GBR和LSTM三个候选模型的原理进行介绍。

MLR　即多元线性回归模型。即假设模型为：

$$f(x)=w_0+w_1x_1+w_2x_2+\cdots+w_nx_n=wX \tag{3-2}$$

其中，n为输入数据的维度，x_i为在第i维上的取值，w_0称为偏置系数，w_i为线性系数。对数据模型的回归就是对$f(x)$的求解，也就是对w_0, w_1, w_2, $\cdots$, w_n的求解，通常采用最小二乘算法来求解，即将该问题转化为：

$$w^*=\text{argmin}\ (\boldsymbol{y}-w\boldsymbol{X})^T\ (\boldsymbol{y}-wx) \tag{3-3}$$

其中，$w=(w_0, w_1, w_2, \cdots, w_n)$，$\boldsymbol{X}$为数据矩阵，其每一列为一个样本，即每一列为$x=(1, x_1, x_2, \cdots, x_n)$，$\boldsymbol{y}$为回归目标量矢量。MLR是最基本的回归方法。

GBR　即梯度提升回归模型。GBR本质上是对多种主流的广义线性回归方法（例如多项式回归、Lasso回归等）的梯度提升集成的结果，这里着重介绍梯度提升的理念。梯度提升的集成结果为：

$$f(x)=\sum_{i=1}^{m}\theta_i f_i(x) \tag{3-4}$$

其中，f_i为m个候选模型中的一个，θ_i为对应模型的集成权重，GBR的求解过程就是求解θ_i的过程。GBR最终优化的重点是找到$\theta_i=-\rho_i$，这里ρ_i是候选模型f_i达到最优状态的高维下降梯度。

LSTM　即基于LSTM单元的深度神经网络预测模型。LSTM，即长短时记忆单元，是典型的循环神经网络（RNN）单元。LSTM的核心是通过状态传播、忘记门、记忆门和传播门控制当前变量对时序状态的影响，从而反向模拟参数对时序状态的传播影响。

通过两种方案的对比，研究中由于基础数据较少，采用回归的方法其模型的稳定性较差，因此，选取LSTM法来制作热耗预测模型，未来待基础数据完备后再进行模型升级，将两种方法结合在一起使用。

2．基于前馈神经网络的方法选择

对于神经网络，最突出的特点是它的学习能力特别强。神经网络通过所在环境的刺激作用，反复调整神经网络的自由参数，使神经网络以一种新的方式对外部环境做出一系列的反应。神经网络能够从环境中学习，并在学习中不断地提高自身性能是神经网络最有意义的特性。神经网络通过反复学习能对其所处的环境更为了解。可见，神经网络的学习过程就是一种功能的训练过程和性能的不断提高过程。

在神经网络的学习过程中，没有学习算法是不行的，即需要一种学习算法。神经网络的学习算法就是以有序的方式改变网络的连接权值，从而获得设计目标的一个过程。选择或设计学习算法时，往往需要考虑神经网络的结构及神经网络与外界环境相连的形式。不同的学习算法，对神经元的突触权值调整的表达式有所不同，没有一种独特的学习算法能够用于所有的神经网络。一个学习算法的好坏，对于神经网络在实际应用中的计算效果具有十分显著的影响。优秀的算法不仅要有快的收敛速度，同时对未学习过的样本有比较高的分辨率。

通常情况下，神经网络的学习方式分有导师学习和无导师学习两种。

有导师学习又称为有监督学习，在学习时要给出导师的信号或称为期望输出（响应）。神经网络对外部环境是未知的，但可以将导师看作是对外部环境是非常了解的，即可用输入—输出样本集合来表示。导师的信号或期望输出响应代表了神经网络最佳的执行结果，即通过不同的网络输入来反复调整网络参数，使得网络输出能够逼近导师的信号或期望输出响应。

无导师学习包括强化学习与无监督学习（或称自组织学习）。在强化学习中，对输入/输出映射的学习是通过与外界环境的连接作用最小化性能的标量索引而完成。在无监督学习或称自组织学习中没有给出外部导师或评价，而是提供一个尺度用来衡量网络学习方法的质量。根据该尺度可将网络的自由参数进行最优化操作。神经网络的输出数据形成某种规律，即通过内部的机构参数表示为输入/输出特征，并由此自动得出新的类别。

目前，常见的神经网络学习规则有：Hebb学习、基于记忆的学习、纠错学习、竞争学习和随机学习算法。

1）Hebb学习

用于调整神经网络的突触权值。可以概括为：当某一突触（连接）两端的两个神经元都被同步激活时，突触的能量（权值）就被选择性地增加；当某一突触（连接）两端的两个神经元属于异步激活时，突触的能量（权值）就被选择性地减弱或消除。

2）基于记忆的学习

主要用于模式分类。根据过去的学习结果进行储存分类，对新的输入进行测试划分，将结果归到已存储的某个类中。

3）纠错学习

适用于有导师学习。实质上是根据网络实际输出与理论输出之间的误差调整网络的权值和阈值，最终减少网络对给定样本的误差，使它在给定的范围内。在网络的目标函数给定后，一般根据网络可变参数（权值和阈值）对网络误差的偏导数来调整网络的可变参数。该方法属于一个最优化问题，多层前馈神经网络常用这种学习算法。

4）竞争学习

通常用于无导师学习方式。网络输出层各神经元相互竞争，最后达到一个或几个获胜的神经元处于激活态。

研究中将主要采取基于记忆学习的算法（LSTM）长短期记忆网络进行热耗预测模型的建立。基于LSTM的前馈式供暖量控制的特点有：（1）本质是基于扰动来消除扰动；（2）是一种“及时”的控制；（3）属于开环控制；（4）只适合用来克服可测而不可控的扰动，对系统其他扰动无抑制作用。

前馈动态调控对于上述因素的改变，重点从以下两个方面阐述：第一，采用基于数据分析计算未来时刻的建筑需热量，依据需热量整理出目标温度的调节值。第二，基于数据，分析供暖管网的滞后性，前馈调控供暖管网，以使热力站供暖量较好地适应建筑的动态需热量。

前馈调控的基本思路是按需供暖，也即建筑的需热量与热力站供暖量的逐时对应关系，也即建立预测负荷与供暖量的匹配：

（1）分析管网和建筑的时间滞后量。

（2）基于数据的供暖量预测模型，依据从气象网站获取的未来气象参数预测值，计算未来时刻的预测热量值。

（3）整理热量变化量Δq与供水温度变化量ΔT的关系，确定出下一个调控周期内供水目标温值。

（4）依据管网和建筑的时间滞后量，计算下一个调控周期的预测热量目标值，并依据变化量Δq与供水温度变化量ΔT，获取下一个调控周期的供温目标并进行控制，以保证在预计时间内二次网供水温度达到预定的目标供水温度。

在研究实施过程中，供暖管控系统中与预测模型进行数据交互，供暖管控系统每天定期提供供暖系统的历史监测数据给预测模型，预测模型获取数据后自动运行程序以预测未来24h的供暖负荷、负荷变化量与供温变化量的关系曲线，并把预测结果返回到供暖管控系统中。由供暖管控系统下发未来供暖负荷给换热站内的控制器上，控制器依据供暖量变化量进行现场控制。

具体控制逻辑见图3-3。

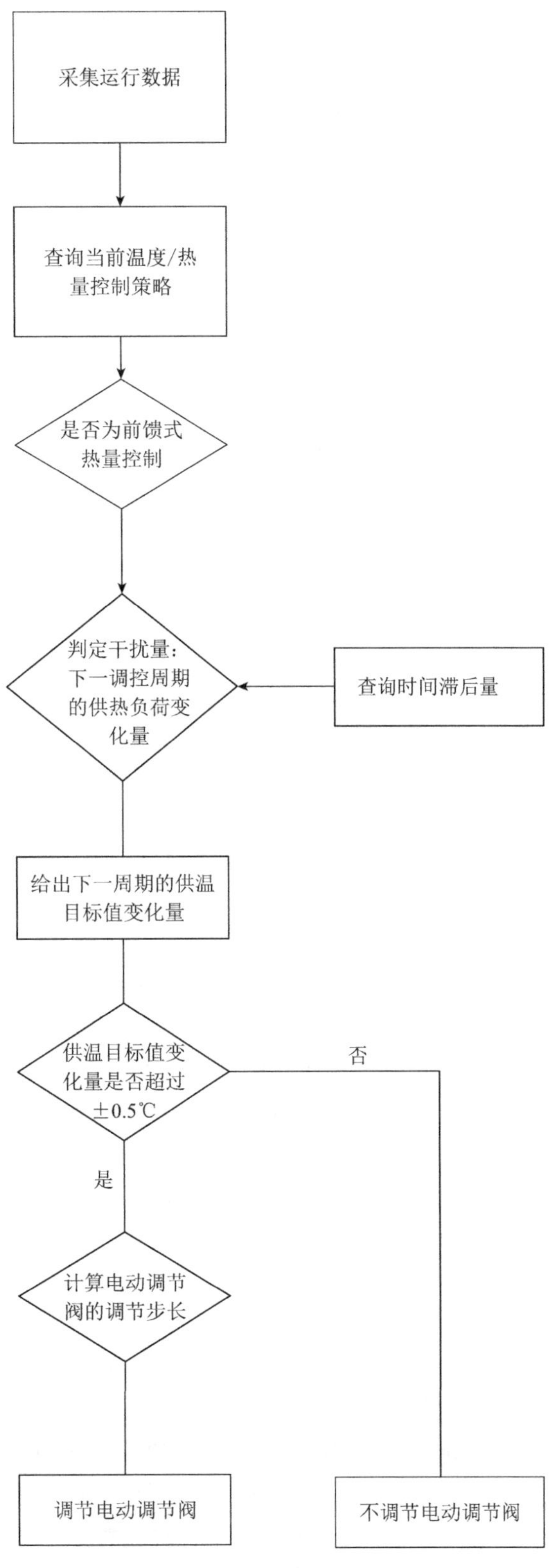

图3-3　前馈式供暖量控制逻辑图

3.4　供暖系统智能调控系统

3.4.1　热耗预测模型与前馈控制的集成

1. 信息通信

通信是整个热网监控系统联络的枢纽和关键节点，各个热力站、管道监控仪表节点和监控中心通过通信系统形成一个统一的整体。为了实现运行数据的集中监测、控制、调度，必须建立连接所有监控点的通信网络，并且要保证网络的安全、可靠、稳定的运行。

随着网络技术的飞速发展，各种虚拟宽带技术已经越来越成熟，从最初的

ISDN到ADSL、VPN（虚拟专用网）、VPDN（虚拟拨号专用网），无线通信技术从GPRS/CDMA到3G、4G无线网络可供用户选择的空间越来越大。

以下几种常见通信方式：

1）ADSL通信网络

ADSL是电信运营商推广力度最大一种通信解决方案，主要面向个人或企业用户实现家里高速上网要求，2M网络通信速度可以达到512K或1M，完全可以达到实时在线系统要求。ADSL通信网络图见图3–4。

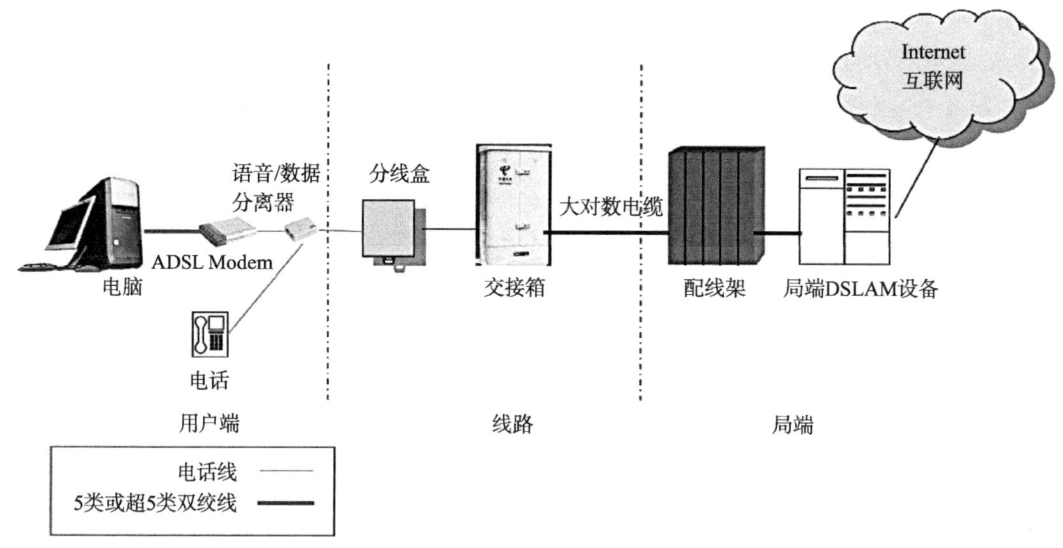

图3–4　ADSL通信网络

对企业用户而言，一条ADSL不限时包月费用50～200元不等，费用合理，速度也较快。目前热网监控系统大多采用了ADSL，均取了非常满意效果，采用Internet通信技术，数据通信安全性需要考虑，附加好处时，任何能上网方原则上都可以访问监控中心，对远程访问、远程维护非常有利。其障碍关键是并非所有站点均能有宽带线路可供地热站使用。

2）GPRS通信网络

随着手机的日益普及，移动通信网络已经覆盖几乎所有区，GPRS作为第2.5代通信技术，其数据通信能力较强，通信带宽可以达到与普通电话拨号调制解调器相当速度，即30Kbps左右，完全能够满足一般数据通信速度要求。通常采用一个GPRS通信模块，通过移动通信网络建立Internet网络连接与监控中心进行通信。但对于部分在地下的站点，因GPRS网络信号较差，无法用于监控中心与地热站间数据传输。一般视频信号传输时，需要网络速度在2Mbps以上，当站内安装视频摄像头时，GPRS网络网速远远不能满足要求。

三大通信运营商从2017年开始就在不断关停2G和3G的网络，用户可能会收到一些通知的短信，说是即将关闭2G或3G网络，需要用户到营业厅进行变更，实际上在中东部地区已经有大部分的省市进行了变更，但是对于偏远山区或者西北部地区网络并不是很发达的地区，还是依然存在2G和3G网络的。但是关闭2G网络已经是大势所趋，因此GPRS通信方式也陆续退出供暖行业。

3）光纤组建的VPN通信网络

光纤接入是未来互联网必然的接入方式，它具有容量大，速率快，安全性高等特点，完全可以达到实时在线的系统要求，其障碍关键在于运行费用，各地收费价格差异很大。对于企业用户而言，一条光纤VPN不限时包月费用在600元~2000元不等。首先，价格相对比较昂贵，使热力公司后期的运行维护增加很多费用；其次，由于每个VPN与监控中心形成VPN虚拟局域网，外网无法正常访问到设备层，不利于对远程访问、远程维护。

4）无线4G VPN组网技术

随着手机的日益普及，移动通信网络已经覆盖几乎所有地区，尤其是4G无线网络是集3G与WLAN于一体，并能够快速传输数据、音频、视频和图像等。4G能够以100Mbps以上的速度下载，比目前的家用宽带ADSL快25倍，并能够满足几乎所有用户对于无线服务的要求。此外，4G可以在DSL和有线电视调制解调器没有覆盖的地方部署，然后再扩展到整个地区。很明显，4G有着不可比拟的优越性。

4G无线VPN技术具有如下特点和优势：

（1）安装简单，运行费用较低。

（2）换热站与监控中心组建VPN网络，可远程上传下载程序。

（3）监控中心易于远程升级、维护。

（4）基于无线4G通信网络，对运营商宽带覆盖范围依赖度较低。

（5）安全性更高，支持Ipsec等多种隧道加密协议，保证数据安全。

（6）同时支持2G、3G等业务，适用性更强。

由于其为借助互联网组建的虚拟专用网络，数据传输稳定性更高，其典型网络拓扑结构如图3–5。

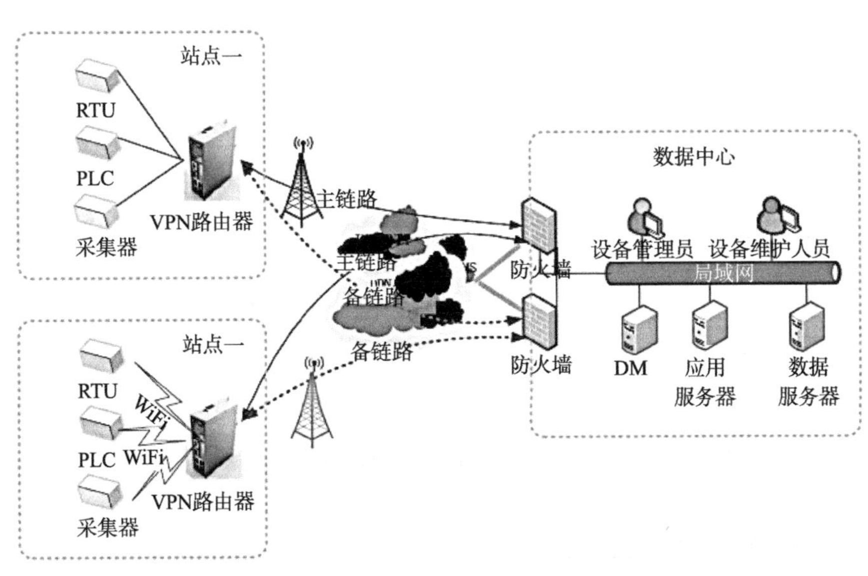

图3–5　4G无线VPN通信网络图

5）物联网中的无线通信技术

无线技术正在迅速发展，并在人们的生活中发挥越来越大的作用，而随着无线应用的增长，各种技术和设备也会越来越多，也越来越依赖于无线通信技术。

目前供暖行业无线监控主要采用GPRS以及ZigBee、433专用协议等短距离通信技术。GPRS传输功耗大，未来移动和联通将不再维护，面临淘汰的风险。而ZigBee、SUB-1G等技术，面临传输距离近，覆盖面较小，尤其在楼宇内采集出现盲点的问题非常严重。而且各个厂家协议不能互联互通，无法大面积应用。

综合上述常用技术的特点和研究的实际情况，最终中采用了4G无线通信技术。

2．模型嵌入

将前馈热耗预测模型嵌入到供暖控制平台之中，如图3-6所示，具体的操作流程和数据输入输出流程如下：

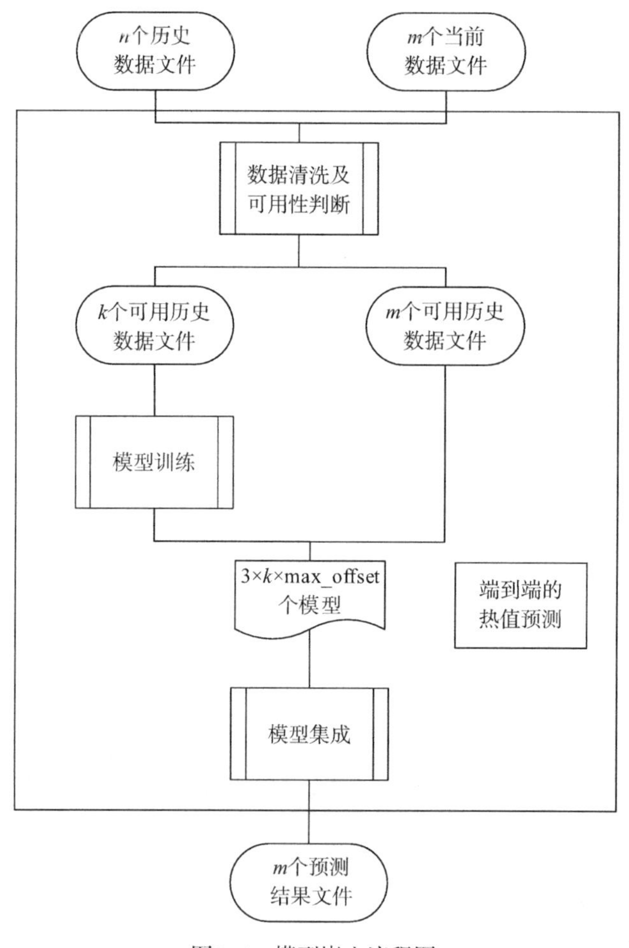

图3-6　模型嵌入流程图

（1）n个历史数据文件经过前述的数据清洗及可用性判断后，共生成k个可用于模型训练的可用历史数据片段文件，且$k \leq n$。

（2）m个当前数据文件经过前述的数据清洗及可用性判断后，共生成m个可用于模型训练和预测的可用数据片段文件。这里，如果当前数据文件满足可用性标准，则正常生成可用于模型训练的可用数据片段文件；否则就近保留待预测时间对应的一条数据记录，为模型预测做好准备。

（3）将k个可用于模型训练的可用历史数据片段文件投入模型训练模块，根据预设的最长预测时长（max_offset），共生成$3 \times k \times$ max_offset个历史数据模型。

（4）将所有历史数据模型和m个当前数据片段文件投入模型预测模块，根据模型名称（项目名_换热站/热源_换热站名/热原名）将当前数据片段文件与历史数据模型一一匹配：若匹配成功，则可给出基于MLR模型和GBR模型的预测结果和置信度；若匹配失败，则无法给出。若当前数据片段文件仅包含一条数据（即当前数据文件不满足可用性标准），则无法给出基于LSTM的预测结果。

（5）按预设集成比例对三种模型给出的结果进行集成，最终生成m个预测结果文件。

（6）根据热耗预测模型的计算结果，将未来的逐时热耗下发到现场控制器，实现前馈控制，见图3-7。

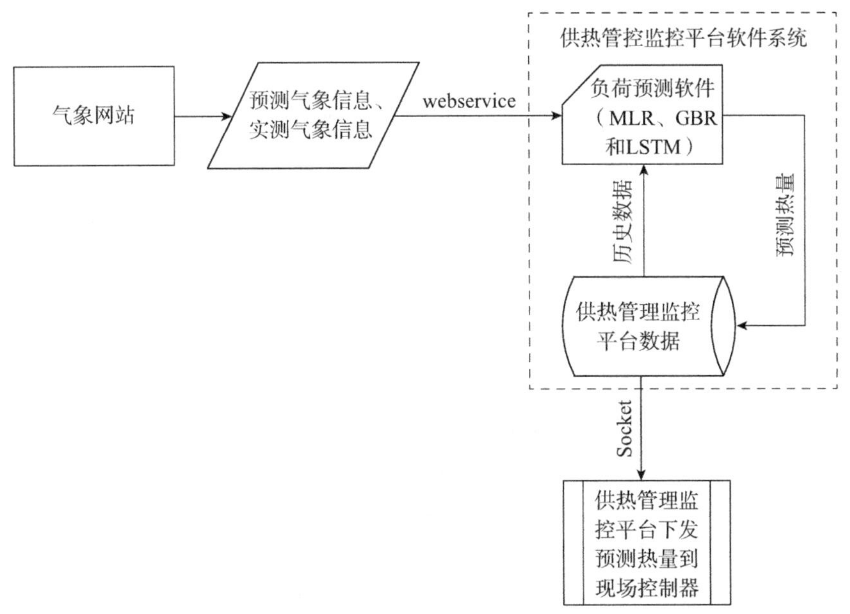

图3-7　供暖量预测与控制图

供暖系统在线调控平台是运用物联网、大数据、人工智能、建模仿真等技术统筹分析供暖生产的运行数据、环境因素及用户的用热需求，以支撑供暖运行决策过程中人的思考决策；同时运用模型预测等先进控制技术，智能化调控供暖生产的各环节，从而满足用户的个性化用热需求。

为了更好地使用供暖系统的发展和供暖功能模块的需求变更与升级，供暖系统在线调控平台按模块采用分布式、模块化设计，以方便后期可以按模块分别安装、运维、需求变更、升级等，并按模块灵活授权给不同的管理角色。

第 4 章　空调系统智能调控技术

目前，我国公共机构建筑中，空调系统是最主要的耗能设备，其运行能耗可以占到建筑能耗的50%～60%。在一般的空调系统中，空调冷源系统的能耗在空调系统能耗中居于核心的地位。根据相关统计，在典型的集中空调系统中，空调冷源系统，即制冷机组、冷冻水泵、冷却水泵、冷却塔等设备，在夏季供冷季的能耗可以占据到整个空调系统的60%～80%。因而空调冷源系统节能是开发空调系统节能潜力的重中之重。

目前，空调系统能源管理平台中，针对空调系统的节能管控措施也集中体现在空调冷源系统的节能管控中，其控制策略与控制措施多种多样。从总体上看，空调冷源系统的控制主要有以下几个方面：

（1）群控策略。群控指的是对冷源子设备的运行数量、运行状态进行控制。一种常见的控制策略是优化设备的使用，尽可能地平衡使用所有设备，延长设备的使用寿命，减少设备投资；另外一种群控策略是优化开启和关闭次数，根据外部负荷和室内温湿度，实时调节设备的开启或关闭，在满足负荷需求的前提下尽可能减少投入使用的设备，从而降低系统与设备能耗。

（2）水泵变频（变流量）策略。通过调节水泵变频器，使得在满足负荷需求的前提下，尽可能地避免“小温差大流量”等造成设备能耗上升的不良运行方式；相关的理论和实践都可以证明，变频调节是水泵节能的重要途径。

（3）变冷机出水温度策略。制冷机组的冷冻水出水温度直接影响机组的性能，设备厂家的样本、相关的研究都证明了：在特定的条件下（如制冷机组负荷不变），适当地提高制冷机组冷冻水的出水温度，可以有效提高机组的性能，降低制冷机组的功耗。

（4）变流量与变冷机出水温度耦合策略。通过联合控制水泵变频（变流量）控制与变制冷机组出水温度，可以使冷水机组和水泵的整体能耗降到最低，这种耦合的控制策略相对单一控制策略，节能效果更加显著。

（5）优化控制参数策略。空调系统是一个涉及众多设备、众多控制参数的复杂耦合系统，设备的控制及其参数的设定直接影响到设备的平稳运行、能源消耗等设备自身特性。在实践中，往往会根据实际使用状况，尽可能的优化设备的各个控制参数，一方面保证设备安全运行，另一方面也是节能需要。

通过对空调冷源系统的管控策略进行分析，发现目前空调冷源系统，乃至整个空调系统的管控方法的特点，可以分为以下几大类：

（1）基于经验的判断。多年来，诸多的建筑运维中，运行维护人员往往基于经验的判断进行系统的人为控制：例如根据预报的室外天气（温度等），进行制冷机组冷冻水出水温度的设定。由于是根据经验的判断，对于制冷机组冷冻水出水温度设定是否合理，系统能耗是否最低等问题无从判断。

（2）基于理论化的分析。目前关于空调系统的诸多管控策略研究中，绝大部分都是基于理论的计算和分析，主要是模型的方法和基于模拟的方法。由于理论化过程中，对空调系统或多或少进行了简化，理论误差始终存在，因而实际运行与理论控制总是不能完全相符。在某些情况下，理论建模的简化不当，可能会导致空调系统的实际运行与理论控制出现严重偏差，能源消耗不减反增。

（3）以反馈为核心的控制方式。目前的空调系统管控策略中，反馈控制占据主导地位。反馈控制的基本原理是：对于一个控制系统，实时比较输出信号的反馈值与设定值，根据相应的差异值，调节输入信号值，直到系统稳定，输出信号的反馈值能与设定值接近。所以，反馈控制是一个不断迭代、比较、控制的过程，具有响应延迟的固有特性，空调系统节能效果有限，节能幅度受到限制。

由于现有的空调冷源系统，乃至整个空调系统的管控策略具有以上特点，空调系统的控制优化与节能潜力受到了限制。但是近年来，楼宇自控技术和大数据技术的发展，为空调系统的管控带来了新的思路和方法。

一方面，楼宇自控系统中存储着庞大的建筑实际运行数据，是建筑实际运行情况最原始和直接的载体。在空调系统的监测与运行数据中，蕴含了空调系统自身运行最本质的特性，可以说，数据就是空调系统运行状态的外在表现，空调系统自身运行特性的变化，都可以从数据上进行跟踪与发掘。建筑能源管理系统与平台存储的运行数据为空调系统节能分析提供了良好的数据基础。

另一方面，大数据技术的发展为实现空调系统智能管控、节能控制策略优化提供了技术保障。数据挖掘技术是一项集人工智能、机器学习、数据可视化和统计数学于一体的多学科技术。数据挖掘技术通过使用机器学习算法、统计学习知识，深度挖掘蕴含在数据中的规律，从而更高效地实现数据到知识的转化。数据挖掘技术有效地解决了“数据丰富、知识贫乏”的困境，在其他行业应用广泛且成果显著，例如在互联网行业可以处理电子商务大数据，实现“精准”营销与推送。总之，数据挖掘技术在其他领域大数据中的广泛使用为其应用于建筑暖通空调大数据提供了典范。

为了解决当前空调管控策略的局限性（经验化导致的控制策略不合理、理论化导致系统建模具有不可消除误差、反馈调节响应延迟，能效提升幅度有限等）在楼宇自控系统积累的空调系统大数据基础上，利用数据挖掘技术，建立基于实际运行数据的自适应控制策略和管控系统，成为节约空调能源消耗的前景方向。

4.1　空调系统运行数据预处理

4.1.1　数据质量问题

在数据挖掘的通用理论中，数据质量涉及六大因素，即准确性、完整性、一致性、时效性、可信性和可解释性。准确性是指数据的正确，不包含错误、不包含异常数据和噪声数据；完整性是指数据属性、数据值的完整；一致性是指不同数据库中同一数据属性应不存在差异；时效性是指数据利用时，数据应该是最新的、不过期的；可信性是指数据是可以被信赖的；可解释性是指数据（如数据维度等）容易被理解。

不正确、不完整和不一致的数据是各行各业数据质量问题的共同特点，而缺乏时效、不可信、不可解释这三个数据质量问题则根据行业、数据来源的不同而不同，例如互联网大数据的时效性特征，金融数据的可信特征等更加明显。相对于其他行业而言，建筑大数据具有自身独有的特性。

分析已有的研究成果，同时与自身的能耗监管平台项目数据调研结果相结合，可以归纳出建筑能耗监测大数据的特点：

（1）缺失数据：供电的突然失常、传感器等数据传输设备的损坏、数据库的传输故障等，都会造成数据的缺失。

（2）异常数据：建筑现场环境的恶劣（温度、湿度超出传感器工作环境要求等），造成传感器的工作失常，导致采集与传输的数据产生异常。

（3）多维度数据：能耗监测平台的监测范围广、系统与设备形式复杂、各个部件运行参数多样等特性造成了建筑大数据的多维度性、多度量性。

与其他行业相比，由于能耗监管平台的建设初期，方案定制过程中就会对监测点位等进行预先设计与评估，所以一般不会出现点位重复、数据冗余问题。同时，能耗监管平台数据库中预先设定的数据属性与精度也尽可能的避免了数据出现精度残缺、格式矛盾等问题，所以，对于数据冗余、格式矛盾、精度有误等质量问题，可以不作为建筑大数据预处理的重点。

4.1.2 数据预处理

数据挖掘的基础理论中，数据预处理分为四个主要步骤：数据清理、数据集成、数据规约和数据变换。四个处理步骤对数据的不同质量问题的处理进行了概述，在具体的步骤执行中，针对不同的数据质量问题，需要有不同的数据预处理方法；同时，考虑到建筑能耗监测大数据的一些独有特点，需要采取有针对性的数据预处理方法。

在其他领域，对于缺失数据、异常数据常常采用的是删除整条数据（所有数据属性），或者以均值、中位值、众值等简单统计量填充替换的方法，很显然，从保持数据多样性，充分利用数据中的其他可用属性角度考虑，直接删除和简单填充数据的方法大多时候都不能适用于建筑能耗监测大数据的数据预处理。为了尽可能地提高数据质量，同时保持数据的完备性，本书提出采用基于机器学习算法的方式对建筑大数据中的质量问题进行处理：

（1）对于缺失数据，以kNN和回归等算法进行填充。

（2）对于异常数据，以K–Means等算法进行异常数据识别，以K–Means、kNN、时间序列等算法进行数据清洗。

（3）对于多维度数据，以小波分析、主元分析（PCA）等算法进行数据降维。

基于以上的分析，综合建筑能耗监测大数据的特点及相应的处理方法，本文提出一种建筑能耗监测大数据的预处理体系，如图4–1所示。

1. 基于kNN算法的缺失数据处理

kNN算法是一种通过学习已知数据的属性和类别，来类比得到未知数据所属类别的一种分类方法。kNN算法进行缺失值填充的工作原理可以描述为以下过程：对于已知数据样本，其数据的各个属性及其所属类别是已知的，对于未知数据，其数据的各个属性是已知的，但是其类别是未知的；kNN算法比较未知数据与已知数据的各个数据属性之间的关系，通过一种距离函数，选取已知数据与未知数据在该距离函数下的距离最接近的k个数据，其

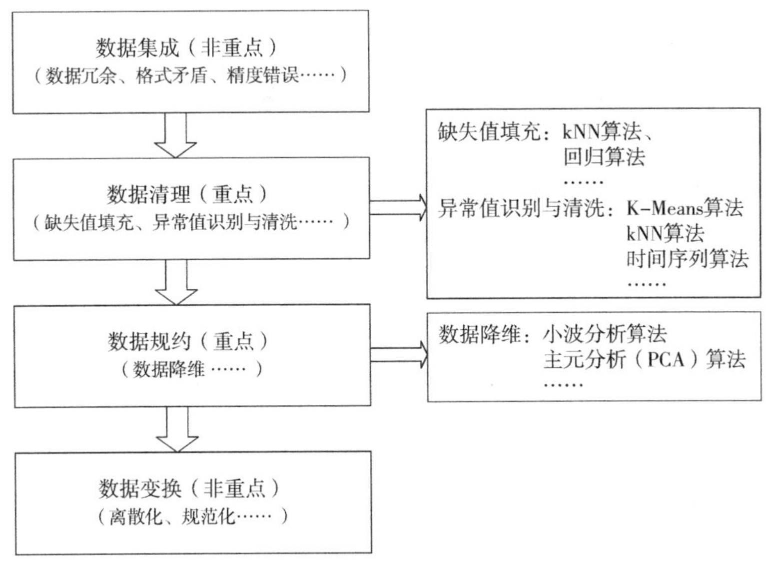

图4-1　建筑能耗监测大数据预处理技术体系

中k个已知数据出现次数最多的类别即是未知数据的类别。通过这个方法，即可实现缺失值的填充。

kNN算法进行缺失数据填充的伪代码如图4-2所示。

以样本为二维数据的情况为例，演示使用kNN方法进行分类的具体步骤。图4-3中三角形和方形是已知类别的样本点（已知数据），图中圆形点是未知类别的数据（缺失数据），我们要利用这些已知类别的样本来预测缺失数据可能属于的类别，以预测分类值作为缺失属性的填充值。过程如下：

（1）对已知数据进行训练，得到每一条数据的标签。

算法：kNN算法，用于对测试数据进行缺失属性分类预测、填充。

输入：

- 训练数据集，这里为已知数据（用来训练）数据集；
- k, kNN算法的特定参数。

输出：测试数据的缺失属性值。

方法：

（1）计算已知类别数据集中的点与当前点之间的距离；

（2）按照距离递增次序排序；

（3）选取与当前距离最小的k个点；

（4）确定前k个点所在类别的出现频率；

（5）返回前k个点中出现频率最高的类别作为测试数据的未知属性分类。

图4-2　kNN算法的伪代码图

（2）以一个距离度量公式作为距离计算函数，比方说欧式距离等，依次计算未知属性的其他已知属性与每个样本数据之间的距离，并按照距离由近到远进行排序，筛选出距离最近的k个样本。

（3）统计这k个样本点中，各个类别的数量，根据k个样本中，数量最多的样本是什么类别，就把这个未知类别数据点定为什么类别。如图4–3所示，取k为3时，圆形属于三角形类别，故以三角形的类别作为圆形未知数据的类别值，从而实现了缺失值的填充。

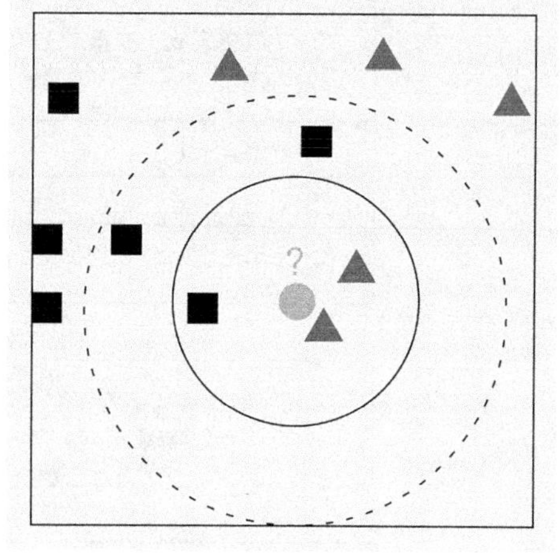

图4–3　kNN算法示例

2．基于K–Means算法的异常数据识别与清洗

K–Means聚类分析，其数学本质可以概括为“人以类聚、物以群分”的思想，即将相似的事物聚集在一起，而将不相似的事物划分到不同的类别（通常称为簇）的过程。可以形式地认为如下：给定n个数据对象的数据集D，以及要生成的簇数k，聚类算法把数据对象划分成$k(k \leqslant n)$个簇C_1，…，C_k中，使得对于$1 \leqslant i$，$j \leqslant k$，$C_i \subset D$且$C_i \cap C_j = \varnothing$。

K–Means聚类算法即K–均值聚类，该算法使用C_i的形心c_i代表该簇，以欧氏距离$dist(p,c_i)$定义对象$p \in C_i$与该簇的代表c_i的距离（即相似性的度量，常常以欧几里得距离作为距离函数）；以簇内变差度量E定义C_i所有对象和形心c_i之间的误差的平方和（即聚类质量的度量）。

K–Means算法的处理流程可以简单概括为：将数据点划分为k个聚类，找到每个聚类的中心，并且最小化簇内变差函数。

K–Means算法的过程伪代码表示如图4–4所示。

利用K–Means聚类算法进行数据异常值识别，其核心原理是假定正常的数据对象属于大的、稠密的簇，而离群点属于小或者稀疏的簇，或者不属于任何簇。上述思想概述为离群

算法：K-Means.

用于划分的K-均值算法，其中每个簇的中心都用簇中的所有对象的均值表示。

输入：

- k, K-Means算法的特定参数；
- D, 包含n个对象的数据集。

输出：k个簇的集合。

方法：

（1）选择k个点作为初始质心；

（2）重复；

（3）将每个点指派到最近的质心，形成k个簇；

（4）重新计算每个簇的质心；

（5）until簇不发生变化或达到最大迭代次数。

图4–4　K–Means算法的伪代码

点（异常值）判别的一般方法如下：

如果某个数据对象不属于任何簇，那么认为其为异常值，如图4–5（a）所示。

如果某个数据对象与所属簇中心的距离很远，则它为异常值，如图4–5（b）所示。

如果某个数据对象是小簇或者稀疏簇的一部分，则该簇中的所有对象都是异常值，如图4–5（c）所示。

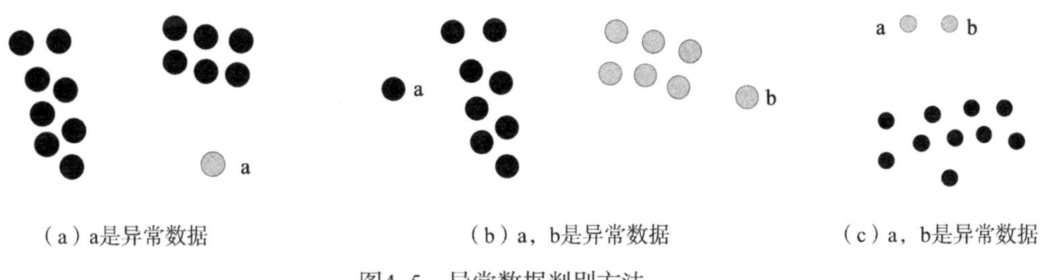

（a）a是异常数据　（b）a，b是异常数据　（c）a，b是异常数据

图4–5　异常数据判别方法

3．基于PCA算法的数据降维

主元分析算法是一种数据降维方法，其核心步骤是将可能的影响因素经过线性投影，大量的线性相关的影响因素就会被转换成少数几个线性不相关的综合指标。其核心原理是根据各个成分的方差贡献率和累计方差贡献率确定主要成分。

主元分析法实现的核心过程如下：① 特征中心化，即每一维度的数据都减去该维的均值；② 特征中心化矩阵的协方差矩阵；③ 计算协方差矩阵的特征值和对应的特征向量；④ 计算各个成分的方差贡献率；⑤ 计算累计方差贡献率。

在应用主元分析法的过程中，执行完上述的主元分析法的核心过程后，如果某些维度的数据方差贡献率累计和达到一定限度（可以根据需要人为设定），那么就认定这些维的数据为主要的影响变量，可以代表整个数据集，从而实现了高维度数据的数据降维。

PCA算法的伪代码如图4–6所示。

算法：PCA. 复杂数据降维，找到数据中最主要的元素和结构算法。
输入：
- *D*, 原始数据集。

输出：*n*个特征向量。
方法：
（1）去除平均值；
（2）计算协方差矩阵；
（3）计算协方差矩阵的特征值和特征向量；
（4）将特征值从大到小排序；
（5）保留最上面的个特征向量；
（6）将数据转换到上述个特征向量构建的新空间中；
（7）计算各个成分的方差贡献率和累计方差贡献率。

图4–6　PCA算法伪代码

4.2 空调系统负荷预测

4.2.1 空调系统负荷及其影响因素

建筑内部环境总是处于各种内外热源、湿源的综合热作用下。这些热源、湿源产生的热湿扰量必定会作用于房间热力系统，并形成影响其热稳定性的热（冷）、湿负荷。

空调冷负荷是指当空调系统运行以维护室内温湿度恒定时，为消除室内多余的热量而必须向室内供给的冷（热）量。

一个典型的室内外系统可以采用图4-7的方式进行简要说明，很显然，空调系统的负荷是一个综合围护结构、室外环境、室内环境等系列因素的结果。在不同的工况下，空调负荷又可以分为冷负荷和热负荷。

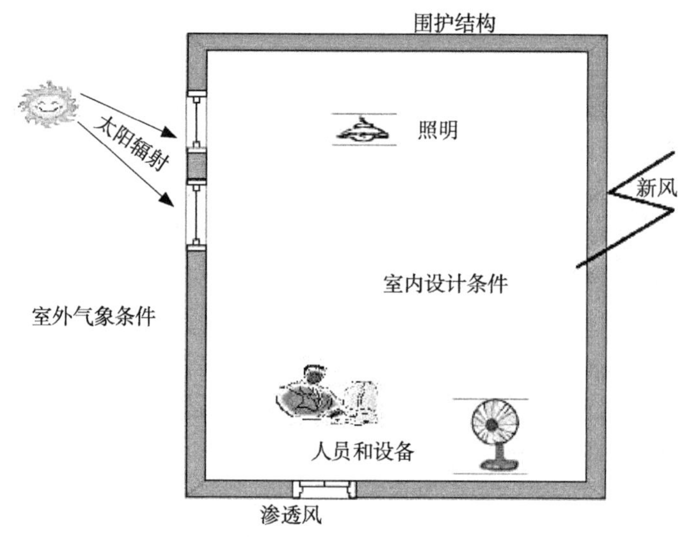

图4-7 典型房间空调负荷影响因素示意图

对于空调系统负荷预测而言，常见的影响因素分析如下：

1．围护结构

对于任何建筑系统，一旦建筑物结构主体（墙体等）、门窗等附件搭建完成，那么其围护结构的特性基本保持不变，也就是说其建筑热物性保持相对恒定。

因而在做负荷预测时，除非围护结构发生重大变化，一般不考虑建筑围护结构的影响。

2．室外环境

室外环境是影响负荷的最重要因素之一，详细划分又可以分为以下几种具体因素：

（1）室外温湿度：室外环境的温度、相对湿度是影响空调系统负荷的首要因素，与空调系统负荷呈现直接的正向变化相关关系。因此在做负荷预测时，需要把室外温湿度纳入考虑范围。

（2）太阳辐射度：太阳辐射度随着太阳运动轨迹的变化而变化，每一天中都在时刻变化着，也是影响空调系统负荷的重要因素之一；因而，需要把太阳辐射度纳入负荷预测的考虑范围。

（3）室外风环境：室外的风速、风向也会影响空调系统负荷，尤其是对于高层建筑。因而做负荷预测时，室外风环境也在考虑范围之内。

3．室内环境

室内环境涉及具体的空调使用状况，因而也直接影响着空调系统负荷。对于室内环境，也可以进行具体划分：

1）室内人员：人员的活动、使用习惯会带来室内环境的直接变化，例如空调系统室内温度的设定值、室内温湿度的变化等，这些都会直接影响到空调系统负荷。

2）室内设备：室内的照明、电器设备等一切用电设备，在使用过程中都会散发出热量，因而也是直接影响负荷的因素。

在理论计算时，负荷预测应该充分考虑各种因素的影响，以建筑围护结构、室外温湿度、太阳辐射度、风速、风向、室内人员数量、室内设备功率等作为负荷计算的输入参数，计算出空调系统负荷。

但是，对于实际应用来说，如果想完全考虑上述各种因素，前提是能获取到上述各个参数的实时变化值，这是很困难的，对于一些影响因素而言，获取其实时值几乎不可能。

（1）关于室外气象参数

一般而言，通过温湿度传感器就可以轻易获得室外的温度以及相对湿度，这两个因素相对容易获取。在现有的建筑能源管理系统中，室外温度、相对湿度都是基本的监测变量；对于本研究，采用的建筑能源管理平台中的监测数据，室外温度、相对湿度可以很容易获取。

但是，太阳辐射度、室外风速和风向等一般是不作为建筑能源管理平台的常规监测变量；在城市级的气象监测中，也不把实时的相关参数公开。故想实时获取太阳辐射度、室外风速和风向等参数的实时变化值，相对困难；本研究采用的数据中，也未能获取到这些数据。

（2）关于室内环境及参数

室内环境及参数中关于人员、设备等参数的获取是极其困难的，对于一般的建筑能源管理系统，人员的流动、设备开启的数量、功率等都无法实现大规模、精准的监测，想实时获取这些参数的值，需要配合特定传感器的数据，如人员计数器等。

通过上文关于数据可获取性的分析，我们已经得到了空调系统负荷预测的可获取的数据，即室外的温度、湿度值。但是这两个值对于负荷预测来说远远不够。那么，关于不可获取参数，如何衡量这些因素对空调系统负荷的影响？这涉及基于历史数据训练的空调系统负荷原理。

4.2.2　基于实际运行数据的空调系统负荷预测原理

在现代数据挖掘理论中，一个基本的观点就是：历史数据中蕴含着事物发展的规律，数据是规律的外在表现形式。

对于空调系统负荷也是如此：历史负荷数据中蕴含着规律。对于不可获取参数，例如太阳辐射度、室外风速与风向、人员流动、设备使用等，在一定的时间范围内（尤其是小时间范围），其变化是一个渐进的过程，不是突然变化的，其变化直接影响空调系统负荷；反之，空调系统的历史负荷变化趋势，是其影响因素的数据表现。

于是，对于不可获取的参数，我们可以通过历史负荷数据的变化，来反映这些参数的综合影响结果，即通过历史数据训练，进行空调系统负荷预测。

在数据挖掘中，机器学习算法是其核心。对于负荷预测而言，基于机器学习算法，对负荷历史数据进行训练得到未来时刻的负荷。

在机器学习中，常常把训练数据呈现如以下一组未知对应关系：

$$trainDat: features \rightarrow labels \tag{4-1}$$

式中：*features*和*labels*组成了一一对应的训练数据集合*trainData*；

*features*称为特征；

*labels*称为标签。

同时，把测试数据表征如下：

$$testData: features \rightarrow results \tag{4-2}$$

式中：*features*和*results*组成了一一对应的测试数据集合*testData*；

*features*称为特征；

*results*称为预测结果。

通过训练数据训练*features*和*labels*得到一定的关系的表达，以此对测试数据*features*进行测试，预测得到*results*，并与测试数据的实际*labels*作比较，得到相关的误差，这就是机器学习预测类算法的一般步骤。

在实际的负荷预测中，把一些历史负荷数据作为训练数据，以历史数据中的输入参数作为其*features*，把历史数据中的负荷作为其*labels*；另外一些数据作为测试数据，以输入参数作为*features*，通过算法预测得到对应的*results*；然后比较测试数据的真实的*labels*与预测得到的*results*之间的误差，如果误差在合理范围之内，那么就认为此种算法适合于负荷预测。

4.2.3 空调系统负荷预测算法

1. 基于分类算法的负荷预测原理

机器学习中，由历史数据训练得到*features*和*labels*的关系，并对测试数据进行预测的算法有两种：一种为分类算法，另外一种为回归算法。常见的预测算法有kNN算法、支持向量类算法（支持向量机SVM算法、支持向量回归SVR算法）、人工神经网络ANN算法等。下面，我们先分析基于kNN算法的负荷预测原理，而支持向量类算法、人工神经网络算法相对复杂，后文会详细阐述。

kNN算法是一种通过学习已知数据的属性和类别，来类比得到未知数据所属类别的一种分类方法。kNN算法进行缺失值填充的工作原理可以描述为以下过程：对于已知数据样本，其数据的各个属性及其所属类别是已知的，对于未知数据，其数据的各个属性是已知的，但是其类别是未知的；kNN算法比较未知数据与已知数据的各个数据属性之间的关系，通过一种距离函数，选取已知数据与未知数据在该距离函数下的距离最接近的*k*个数据，其中*k*个已知数据出现次数最多的类别即是未知数据的类别。通过这个方法，即可实现缺失值的填充。

在负荷预测中，把需要预测的负荷作为一般kNN算法过程中的未知属性，于是kNN算法用于负荷预测的伪代码可以如图4-8所示。

算法：kNN算法. 用于对测试数据features的labels进行分类预测。
输入：
- 训练数据集，这里为历史负荷数据；
- k, kNN算法的特定参数。

输出：测试数据在features下的results，即预测负荷值。
方法：
（1）计算已知类别数据集中的点与当前点之间的距离；
（2）按照距离递增次序排序；
（3）选取与当前距离最小的k个点；
（4）确定前k个点所在类别的出现频率；
（5）返回前k个点中出现频率最高的类别作为测试数据的预测分类。

图4–8　kNN算法负荷预测伪代码

当然，kNN算法在使用过程中，存在着一些固有的特点，如kNN算法本质上是一种惰性算法，在对测试数据进行测试的每次计算中，都需要与训练数据集的每一条数据进行比较与计算，因而，kNN算法的计算量较大。

2. 基于支持向量机与支持向量回归算法的负荷预测原理

支持向量机SVM算法本质上是一种统计学习方法，是融合了统计学习中的VC维理论和结构风险最小化理论的一种交叉的机器学习算法。下面用通俗的语言对支持向量机的原理进行说明。

图4–9是一个二维平面上的一个分类问题：用某种方式，将图4–9（a）中不同颜色的圆形进行分类。很显然，可以通过一条直线进行划分，如果用算法的语言进行描述，这条直线所代表的算法就是线性算法。那么，如果是这样一种情况，如图4–9（b）所示，很显然，一条直线已经不能完全进行划分了，称之为线性不可分问题，此时，需要一条曲线分类，如图中所示的曲线，算法上成为非线性算法。

这里，就面临一个问题，即曲线如何用明确的表达式表达出来，也就是说如何得到这个非线性算法。这是一个棘手的问题，也是一个需要实际解决的问题。为了解决这个问题，支持向量机算法被提了出来。

原始的二维空间的分类问题，如图4–9（b）所示，经过一系列的空间变换，可以形

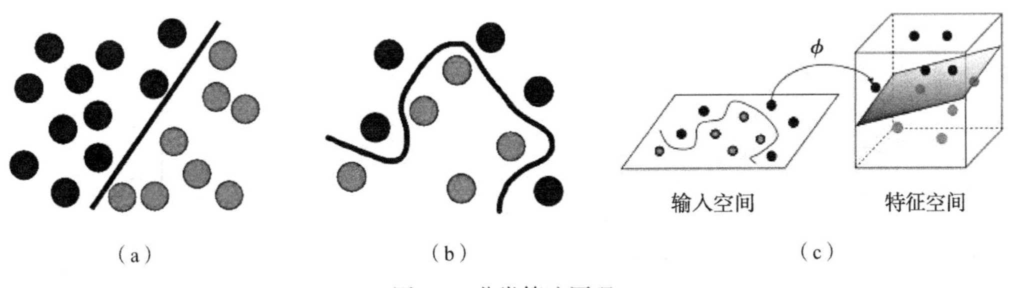

图4–9　分类算法原理

成如图4–9（c）所示的现象，即二维空间上的曲线在某个高维空间上，变换成了一个线性平面。这就是支持向量机算法的基本思想：低维空间的非线性算法，经过维度变换（基变换），会变成高维空间中的一个线性算法。有了这个思想与方法，一些非线性问题都可以得到很好的解决。

空调系统负荷预测，是一个典型的非线性问题，支持向量机算法为解决这个问题提供了一个很好的方法。

从以上的原理分析中，可以认识到，对于支持向量机算法来说，合适的基变换是影响算法准确性的因素之一，同时也直接影响到算法运行的速度与效率。支持向量机算法的使用中，有以下几种常用的基变化，称之为核函数：

（1）径向基核函数RBF：以指数变换作为基变换。

（2）线性核函数Linear：以线性变换作为基变换。

（3）多项式核函数Poly：以多项式变换作为基变换。

上文简要阐述了支持向量机分类算法的原理，事实上，支持向量机的原理也可以用于回归算法，称之为支持向量回归SVR算法。使用方法与支持向量机算法一样。

根据上文的分析，我们写出基于支持向量类算法的负荷预测的伪代码如图4–10所示。

事实上，支持向量机SVM和支持向量回归SVR算法也有其固有的一些特点：① 这两种算法在解决非线性问题有其自身的高效性；② 这两种算法可以解决样本数量小情况下的分类与回归问题；③ 算法对缺失值敏感，如果训练数据集中缺失数据过多，就会造成学习出来的模型不准确，预测误差就会加大，因而，其对数据的完整性依赖较大。

3．基于人工神经网路算法的负荷预测原理

在现代机器学习理论中，人工神经网络ANN算法是一个极其重要的算法，在模式识别、人工智能等领域有着广泛且深入的应用。近年来，随着深度学习领域的兴起，人工神经网络算法成为当前最有效的算法之一。

所谓人工神经网络算法，就是人为的模拟人类神经元的认知功能，如图4–11（a）所

算法：SVM（SVR）算法. 用于对测试数据features的labels进行分类预测。

输入：

- 训练数据集，这里为历史负荷数据；
- 核函数。

输出：测试数据在features下的results，即预测负荷值。

方法：

（1） 给定算法分类器的初始系数；

（2） repeat；

（3） 固定算法分类器的某些系数；

（4） 根据优化原理对系数进行更新；

（5） until收敛条件；

（6） 得到分类器；

（7） 根据分类器计算测试数据的预测分类。

图4–10 支持向量类算法（SVM、SVR）负荷预测伪代码

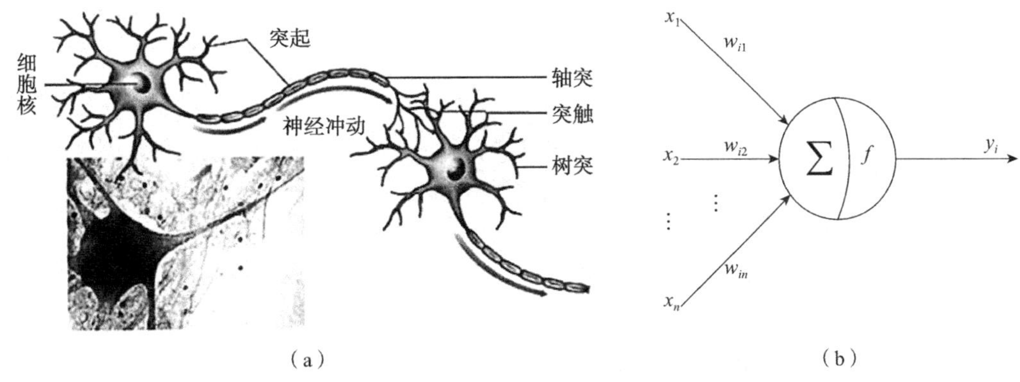

（a）　　（b）

图4–11　人工神经网络原理

示，将人类的认知特性融入算法当中去，人为地在算法中构建类似于人类神经元的算法结构。其算法模型如图4–11（b）所示。

图中：$x_i(i=1,2,3,\cdots,n)$称之为输入信号（参数），其层级称之为输入层；

$w_{ij}(j=1,2,3,\cdots,n)$称之为神经元之间连接权值；

f称之为激发函数，其所在的层级称之为隐含层；

y_i称之为输出信号（参数），其所在的层级称之为输出层。

在使用人工神经网络算法进行负荷预测时，需要构建相应的神经网络结构，选择其中的一些关键参数：

（1）神经网络模型类型：采用精度相对较高的前向BP神经网络。BP神经网络模型也是目前精度最高的深度学习算法的基础模型之一。

（2）神经网络的网络构建：在神经网路的网络构建中，涉及输入层、隐含层、输出层及其节点数。例如，输入信号即模型的输入参数，如果选取室外温度、室外相对湿度、前4个时刻的历史负荷，很显然，输入层其节点数为6；输出层即输出信号，其节点数为1；对于隐含层，一般而言，三层神经网络即可逼近任意非线性函数，因此，本研究设定1个隐含层，对隐含层节点的数量，设为10。

（3）模型中各函数：对于模型中各函数，常规的训练函数，神经元传递函数采用“logsig”“purelin”、学习函数采用“learngd”、网络训练函数采用“trainbr”、连接权值初始化函数采用“initnw”。

（4）模型收敛条件：规定模型的迭代次数为1000Epochs，设置目标误差为10^{-5}。

综上所述，确定本研究用于负荷预测的人工神经网络结构如图4–12所示：

人工神经网络ANN算法也有其固有的一些特点：① 神经网络模仿了人类的认知规律，其学习能力较强，对非线性问题的预测结果准确性较高；② 不容易受到异常值、缺失值的影响，一定量的缺失与异常数据不影响人工神经网络算法的学习结果；③ 模型训练时间较长，数据量过大时，其运算相对较慢。

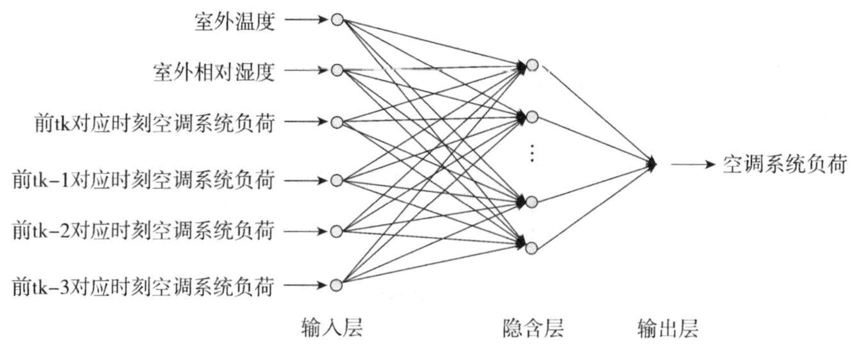

图4–12　负荷预测用人工神经网络算法结构

4.3　数据驱动的空调系统自适应控制方法

冷源系统是中央空调系统的最重要组成部分之一，是空调系统的源头所在，其运行能耗占据着整个空调系统能耗的50%以上，对其进行合理的控制与优化运行，可以增加巨大的节能量。其中，优化运行与控制的前提是合适可用的冷源设备及系统模型。

在研究过程中，基于实际数据，运用冠以回归算法等数据挖掘方法，建立冷源系统的能耗模型，为后续的优化控制做准备。

4.3.1　数据驱动的空调系统建模

1．空调冷源系统基础模型

1）制冷机组基础模型

制冷机组是中央空调系统的核心部件之一，主要由蒸发器、冷凝器、压缩机、膨胀阀这四大部件组成，其运行原理如图4–13所示。合理、准确的模型是冷水机组运行能耗分析、优化控制的重要前提之一。

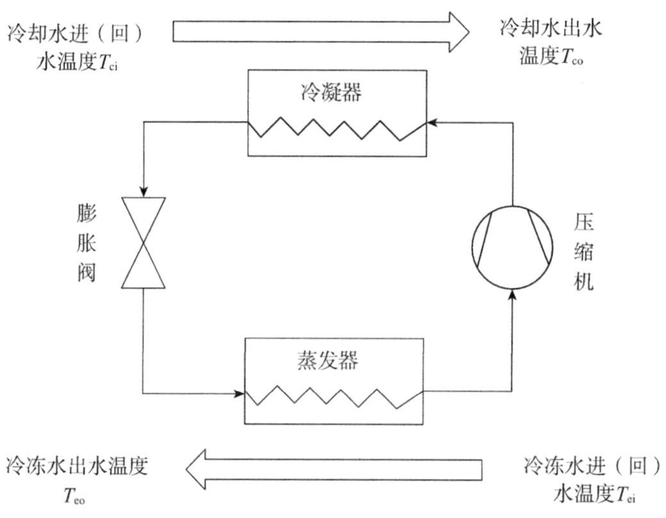

图4–13　制冷机组核心组成部件及参数

从模型建立方法的角度看，制冷机组的模型主要分为理论模型和经验模型，其中经验模型又可以细分为半经验模型和完全经验模型。

（1）理论模型

制冷机组涉及多种复杂的热力学过程，因而一些研究人员根据制冷机组的热力学特性，运用数学物理方法，对制冷机组进行理论建模。

（2）经验模型

无论是半经验模型还是全经验模型，其核心都是在研究制冷机组的热力学规律等内在机理的基础上，辅以一些实验测试或者运行数据，分析影响制冷机组运行特性的一些因素，从而总结出制冷机组数学模型的模糊表达。这种模糊表达往往伴随着模型中的未定系数，需要根据不同的场合，通过一定的手段得到该场合下的特性数值，如通过实验的方法、模拟的方法，以及通过一些数学物理计算等方式。

制冷机组有两种不同类别的经验公式，一是以机组能效*COP*作为因变量，二是以机组能耗*P*作为因变量。同时，由于研究内容的差异，导致建模过程中的因变量也存在差异。

对于制冷机组能效*COP*（或者能耗*P*），常见的经验模型如表4–1所示。从表中可以看出，不同的模型研究了机组*COP*与不同的影响参数之间的关系，如简化模型研究了机组*COP*与负荷之间的关系，GN模型研究了机组*COP*与负荷、冷冻水出水温度、冷却水进水温度的关系，简单线性模型给出了机组*COP*与负荷、冷冻水进水温度、冷却水进水温度之间的关系，变二次模型给出的是机组*COP*与制冷机组负荷、冷却水进水温度之间的关系，ASHEAR给出的是制冷机组能耗*P*与负荷、冷冻水出水温度、冷却水出水温度的关系。从以上模型的结构可以看出，以机组*COP*为因变量的制冷机组模型形式多样，当选择不同的影响参数作为自变量的时候，数学表达式的结构和各参数前的系数也各自不同。

常用的制冷机组经验与半经验模型　　　**表4–1**

制冷机组模型	模型公式
简化模型	$\frac{1}{COP}=C_1\frac{1}{Q_{ch}}+C_0$
GN温度模型	$\frac{1}{COP}=-1+\frac{T_{ci}}{T_{eo}}+\frac{-A_0+A_1T_{ci}-A_2\frac{T_{ci}}{T_{eo}}}{Q_{ch}}$
简单线性模型	$COP=\beta_1Q_{ch}+\beta_2T_{ei}+\beta_3T_{ci}$
变二次模型	$\frac{1}{COP}=\beta_0+\beta_1\frac{1}{Q_{ch}}+\beta_2Q_{ch}+\beta_3\frac{T_{ci}}{Q_{ch}}+\beta_4\frac{T_{ci}^2}{Q_{ch}}+\beta_5T_{ci}+\beta_6T_{ci}Q_{ch}+\beta_7T_{ci}^2+\beta_8T_{ci}^2Q_{ci}$
多项式模型	$COP=\beta_0+\beta_1Q_{ch}+\beta_2T_{eo}+\beta_3T_{ci}+\beta_4Q_{ch}^2+\beta_5T_{eo}^2+\beta_6T_{ci}^2+\beta_7Q_{ch}T_{eo}+\beta_8T_{ci}Q_{ch}+\beta_9T_{eo}T_{ci}$
ASHRAE Handbook模型[67]	$P_{chiller}=a_0+a_1(t_{co}-t_{eo})+a_2(t_{co}-t_{eo})^2+a_3Q_{ch}+a_4Q_{ch}^2+a_5(t_{co}-t_{eo})Q_{ch}$

注：上表中，t_{ei}、t_e分别为冷冻水进（回）出水温度；t_{ci}、t_{co}分别为冷却水进（回）出水温度；Q_{ch}为制冷机组实际制冷量；$P_{chiller}$为制冷机组实际功率；*COP*为制冷机组能效；$\beta_0\sim\beta_9$、$\alpha_0\sim\alpha_5$为未知系数。

2）水泵基础模型

中央空调系统水泵多为变频水泵，对于水泵而言，其功率、流量、扬程有如下的理论与经验公式：

$$p_{\text{pump}} = \frac{\rho g V H}{3.6 \times 10^6 \times \eta} \tag{4-3}$$

式中 p_{pump}——水泵功率，（kW）；

V——水泵流量，（m^3/h）；

H——水泵扬程，（m）；

η——水泵效率，（%）。

扬程H与效率η、流量V存在着下面的经验公式：

$$H = a_0 k^2 + a_1 k V + a_2 V^2 \tag{4-4}$$

$$\eta = \eta_{\text{p}} \times \eta_{\text{m}} \times \eta_{\text{VFD}} \tag{4-5}$$

$$\eta_{\text{p}} = b_0 k^2 + b_1 k V + b_2 V^2 \tag{4-6}$$

$$\eta_{\text{m}} = c_0 \times (1 - e^{-c_1 k}) \tag{4-7}$$

$$\eta_{\text{VFD}} = d_0 + d_1 k + d_2 k^2 + d_3 k^3 \tag{4-8}$$

$$k = \frac{n}{n_0} = \frac{f}{f_0} = \frac{V}{V_0} \tag{4-9}$$

式中 $a_0 \sim a_2$、$b_0 \sim b_2$、$c_0 \sim c_1$、$d_0 \sim d_3$均为未知系数。

3）冷却塔基础模型

针对变频运行的冷却塔，其能耗可采用一个N阶多项式对变速冷却塔的风扇的功率进行计算，其公式如下：

$$P_{\text{tow}} = P_{\text{tow\_n}} \times \left(\frac{f_{\text{t}}}{f_{\text{o}}} \right)^3 \tag{4-10}$$

式中 P_{tow}——冷却塔功率（kW）；

$P_{\text{tow\_n}}$——冷却塔额定功率（kW）；

f_{t}——冷却塔风机运行频率（Hz）；

f_{o}——冷却塔风机额定频率（Hz）。

4）冷源系统能耗模型

综上，冷源系统能耗模型可以表示为：

$$p_{\text{cold-source}} = \sum p_{\text{chiller}} + p_{\text{eo-pump}} + p_{\text{ci-pump}} + p_{\text{tow}} \tag{4-11}$$

式中 $p_{\text{cold-source}}$——冷源系统总能耗（kW）；

p_{chiller}——制冷机组能耗（kW）；

$p_{\text{eo-pump}}$——冷冻水泵能耗（kW）；

$p_{\text{ci-pump}}$——冷却水泵能耗（kW）；

p_{tow}——冷却塔能耗（kW）。

2．基于监督式算法的历史数据训练方法

通过上面的研究，无论是制冷机组还是水泵的基础模型，模型中存在着许多未知系数，这些未知系数与中央空调的设备特性、实际运行状况息息相关，对于不同的系统，相应的系数也不尽相同。为了得到这些未知系数，本文采用基于机器学习算法的方法进行历史数据训练，识别出各个模型中的各个未知量。在机器学习中，把这类训练标记数据样本获得学习模型的算法称之为监督式算法。本研究用到的是监督学习算法中的广义线性模型及其误差分析。

1）广义线性回归算法原理

如果模型是系数（输入特征前的系数）的线性函数，那么就可以把这个模型称之为线性回归模型。对于一般的线性回归模型而言，模型既是系数的线性函数，同时也是输入特征的线性函数，具有如下的通用表达式：

$$y(\theta,x)=\theta_0\times x_0+\theta_1\times x_1+\theta_2\times x_2+\cdots+\theta_n\times x_n \tag{4-12}$$

式中：$\theta=\{\theta_0,\theta_1,\theta_2,\cdots,\theta_n\}$——系数列表；$x=\{x_0,x_1,x_2,\cdots,x_n\}$为输入特征列表；$y$为输出变量（机器学习理论中也称之为标签值Labels）。

观察线性回归模型的通用表达式，可以发现，此处的线性模型并不适合于本研究的模型：本研究的输入特征列表含有特征之间的交叉乘积项，这些乘积之间的关系显然为典型的非线性关系。因而，为了处理相关的模型，在机器学习中，对线性回归模型进行了一些拓展，从函数的基的角度出发，形成广义线性回归模型与算法。

在通用的线性模型中，模型是输入特征$x=\{x_0,x_1,x_2,\cdots,x_n\}$的线性函数，极大的限制了模型的适用性。为了避免这个限制，需要引入基函数对一般的线性模型进行扩展，即以输入特征的非线性函数作为基，即$\varphi(x)=\{\varphi(x_0),\varphi(x_1),\varphi(x_2),\cdots,\varphi(x_n)\}$替换原来的$x=\{x_0,x_1,x_2,\cdots,x_n\}$，新的模型表达式如下：

$$y(\theta,x)=\theta_0\times\varphi(x_0)+\theta_1\times\varphi(x_1)+\theta_2\times\varphi(x_2)+\cdots+\theta_n\times\varphi(x_n) \tag{4-13}$$

式中：$\theta=\{\theta_0,\theta_1,\theta_2,\cdots,\theta_n\}$——系数列表；$\varphi(x)=\{\varphi(x_0),\varphi(x_1),\varphi(x_2),\cdots,\varphi(x_n)\}$——输入特征列表。

上述是广义线性回归算法的基础理论知识。事实上，形如式4-13广义线性回归算法对于原始基函数$x=\{x_0,x_1,x_2,\cdots,x_n\}$而言是典型的非线性算法，对于扩展后的基函数$\varphi(x)=\{\varphi(x_0),\varphi(x_1),\varphi(x_2),\cdots,\varphi(x_n)\}$而言是线性回归算法，在机器学习中，以广义线性回归算法作为统一的称谓。

在研究中，无论是对于制冷机组模型，还是水泵模型，模型相对于单一特征（原始基函数）而言都是非线性关系，对于多个特征的复合特征（拓展后的基函数）而言是线性关系，因而，本研究采用广义线性回归算法进行数据训练与处理。

2）最小二乘法

对任何模型而言，基础模型只是初步的工作，而模型的求解与误差分析是后续更为重要的关键步骤。以一般的线性回归模型而言，得到如上述的模型表达式，只能对模型的形式具有一般了解，但是，模型中的具体系数如何，即$\theta=\{\theta_0,\theta_1,\theta_2,\cdots,\theta_n\}$系数列表中的具体数值是什么样的，需要将该模型应用到实际数据上，通过计算得到。那么，在计算之前，就需要确定模型计算的一个边界函数，使得算法计算过程中能实时停止，避免无限循环及计算浪费等情况发生，这种衡量误差和错误的函数边界，机器学习中称之为损失函数。

在线性回归领域，一般以目标输出$y(\theta,x)$之间的残差和最小（即误差平方和最小）为损失函数$L(\theta)$，寻找合适的系数列表$\theta=\{\theta_0,\theta_1,\theta_2,\cdots,\theta_n\}$，即：

$$L(\theta)=\min \| x\theta-y \|^2 \tag{4-14}$$

于是，线性回归算法的最终目的就变成了，求使得损失函数$L(\theta)$最小的系数列表。

对上面的损失函数，求解损失函数最小有多种不同的路径，如基于解析解的最小二乘法，基于迭代的最小梯度下降法等。在本研究中，使用最小二乘法作为损失函数的求解方法。

对损失函数$L(\theta)$进行分析，很显然取最小值时就$\| x\theta-y \|^2$的导数为0的时候（注意：这里为矩阵导数）。对$\| x\theta-y \|^2$进行矩阵变换，有：

$$\| x\theta-y \|^2=(x\theta-y)^2(x\theta-y) \tag{4-15}$$

继续对系数矩阵$\theta=\{\theta_0,\theta_1,\theta_2,\cdots,\theta_n\}$求导，即：

$$x^T(x\theta-y)+x^T(x\theta-y)=0 \tag{4-16}$$

于是可以得到系数列表$\theta=\{\theta_0,\theta_1,\theta_2,\cdots,\theta_n\}$的解析解为：$\theta=(x^Tx)^{-1}x^Ty$。

上述过程就是最小二乘法的全过程。

3）误差分析与交叉验证

已经得到广义线性回归的模型形式与模型求解算法，接着就是模型误差分析。在机器学习的理论中，根据不同的模型，采取不同的误差模型进行误差分析。一般而言，基本的误差定义为输出变量的模型输出值与实际值的差值百分比，如下所示：

$$error=(y_{pred}-y_{true})\times 100\% \tag{4-17}$$

式中：y_{pred}是指将输入特征带入模型后的输出变量的输出值；y_{true}为输出变量的真实值。

误差限值原理：在误差分析中，一般会根据实际的应用要求，设定一个误差上限值，即*error*的上限*errorUpLimit*，如果实际模型的误差在*errorUpLimit*的限值之内，就可以认为模型是合适的。

在机器学习中，对于某一机器学习算法，为了验证算法模型的准确性，提出了一种专门的模型评价方式，称之为“交叉验证”。

所谓交叉验证，就是首先利用训练数据训练算法模型，然后利用验证数据测试训练得到的模型。其中，最常用的交叉验证方法为Hold–Out交叉验证：将原始数据集分为两大类，一类为训练数据，用来训练算法模型，另一类为验证数据，目的是验证算法模型，即将训练好的模型用于验证数据集上，得到模型输出变量的输出值与实际值的偏差，如上文*error*的值，如果*error*满足某个误差限值，那么模型就是适合的。另外一些交叉验证方法，如K–fold Cross Validation、Leave–One–Out Cross Validation等有专门的应用途径，且这些方法过于复杂，本研究中不建议采用。本研究采用Hold–Out交叉验证方法。

综上所述，我们确定了利用机器学习算法训练制冷机组和水泵的历史数据，得到具体的数学模型及相关的误差分析方法，其基本流程可以概括为图4–14。

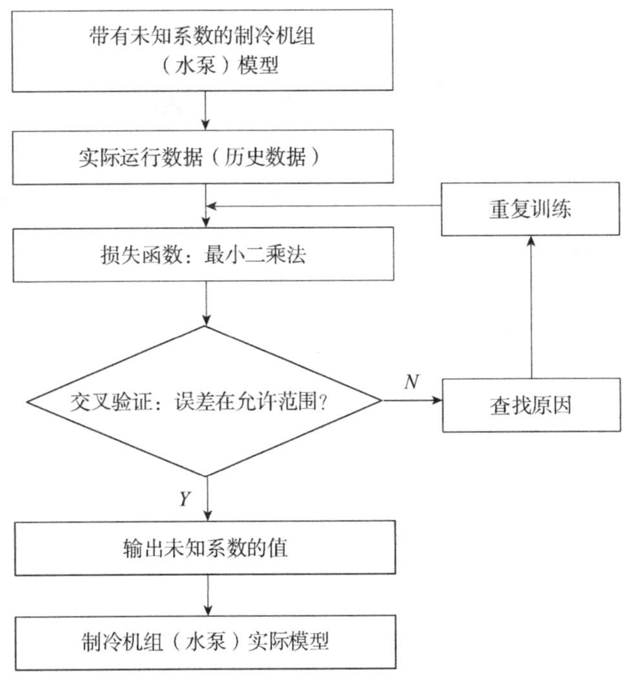

图4–14　制冷机组及水泵的历史数据训练法

4.3.2 多参数控制优化

1. 冷源系统节能影响因素分析

对于冷源系统而言，其系统节能已经成为目前研究的重点之一。在过往的研究历史中，对于冷源系统节能，主要有以下研究内容和结论：

1）制冷机组节能

影响制冷机组能耗的因素主要有三个：负荷、冷冻水出水温度、冷却水进水温度等，如果从单一因素角度考虑，目前的研究结论基本一致：即在一定的负荷率的情况下，如果保持冷却水进水温度不变，制冷机组的*COP*随着冷冻水出水温度的升高，其*COP*值会有一定的提升；如果保持冷冻水出水温度不变，制冷机组的*COP*随着冷却水进水温度的升高会有一定的降低；如图4–15所示。

同时，冷冻水出水温度、冷却水进水温度的变化会带来冷冻水和冷却水流量的变化，所以又有如下的变化规律：在一定的负荷率下，制冷机组*COP*会随着冷冻水流量的增大而出现降低，随着冷却水流量的增大出现升高的趋势；如图4–16所示。

另一方面，在相关的研究中，发现制冷机组的*COP*与负荷率的关系也是复杂关系，并不是单纯的线性关系，如上文在建模过程中，发现的制冷机组能耗与负荷率的非线性关系一样。

于是，单纯地改变某一单一因素，都无法真正地实现制冷机组节能。

2）水泵节能

对于水泵而言，其变化规律相对单一，水泵的能耗随着流量的增加而增加，这可以从上一章节的水泵系统能耗模型中得到。

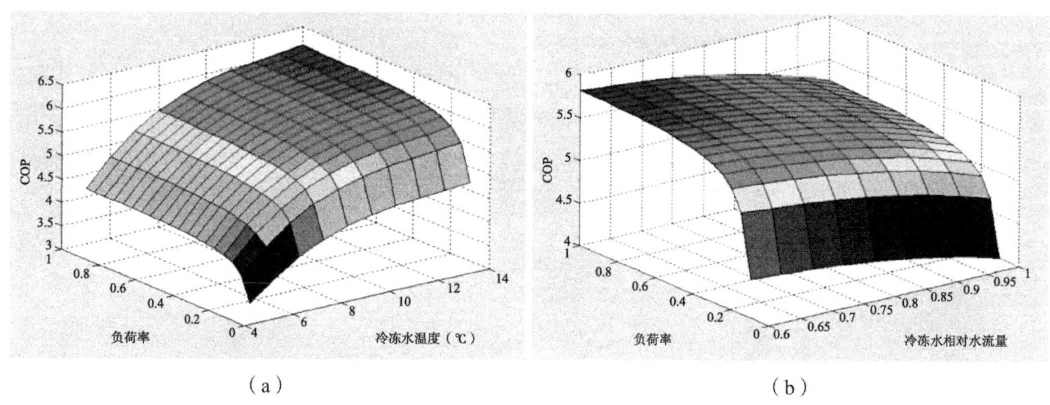

（a）　　　　　　　　　　　　　　　　（b）

图4-15　特定负荷率下，制冷机组*COP*与冷冻水温度、冷冻水流量的关系

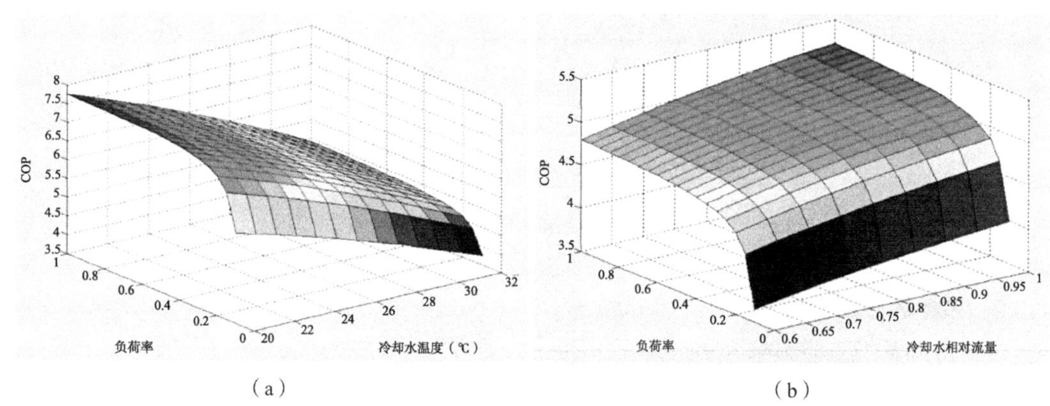

（a）　　　　　　　　　　　　　　　　（b）

图4-16　特定负荷率下，制冷机组*COP*与冷却水温度、冷却水流量的关系

3）冷源系统节能

冷源系统能耗是制冷机组能耗与水泵能耗之和，因而，根据制冷机组和水泵能耗的变化规律，与上一章节得到的能耗模型结合，可以发现，对于冷源系统而言，单纯地进行单一因素的优化控制并不能完全实现系统节能，而应该综合考虑多种因素的影响变化，进行多控制参数综合优化。

上述的结论主要是基于理论计算、实验和模拟的方法，本研究基于实际的运行数据，对冷源系统进行全面的控制参数优化，尽可能最大限度地实现系统节能。

2．空调冷源系统优化控制建模

1）输入参数的选取

本研究中，将制冷机组的实时负荷（负荷率）作为已知参数；事实上，制冷机组的负荷在实际工程中是未知的，但是可以通过负荷预测方法进行预测，这是本文下一章的主要内容。本章把其看成是已知参数，并且作为优化控制的输入参数。

2）优化参数的选取

上述分析已经表明了各个控制参数对冷源系统能耗的影响，因而，对冷源系统优化而言，首要的任务就是优化变量的选取。鉴于本研究的研究基础，以及工程项目中的实施经验，确立了如下的优化参数：

（1）优化参数应该是可以进行直接或者间接控制的参数：对于冷源系统而言，进行控制优化的最终目标是实现系统节能，并且被付诸实践；因而，在选取的优化控制参数的过程中，对于各个参数的控制应该是可行的。在本研究中，我们选取制冷机组的冷冻水出水温度、冷却水进水温度、冷冻水泵流量、冷却水泵流量、冷却塔风机频率作为主要的5个优化控制参数：

冷冻水出水温度可以通过制冷机组的控制主界面进行设置，其本质是改变冷水机组的导叶开度，于是制冷机组的冷冻水出水温度是可控参数。

冷却水进水温度，在一般的冷却塔系统中可以通过冷却塔调节冷却风扇的频率实现，在本研究中的地源热泵系统中，可以通过补水系统的自来水与冷却水混合实现，于是制冷机组的冷却水进水温度是可控参数。

冷冻水泵流量、冷却水泵流量可以通过变频器，调节水泵电机转速，实现频率调节流量，于是冷冻水泵和冷却水泵的流量也是可控参数。

冷却塔风机频率是可控参数，通过变频器直接调节。

（2）各个控制参数应该是相对独立的：一方面，优化控制应该要尽量的优化可以控制的各个参数，这样可以保持最大限度的节能；但是，如果优化参数之间的线性关系过于明显，多个控制参数之间存在明显的耦合关系，那么，同时选取这些参数作为优化控制参数是不理智的，造成了资源的浪费，对于算法而言，多一个控制参数，优化算法的复杂度就上升了一个层次，考虑到优化算法本身的适用性，如果算法在优化的过程中，参数过多，可能导致算法不收敛，优化失败。

综上所述，本研究选取冷冻水出水温度、冷却水进水温度、冷冻水泵流量、冷却水泵流量、冷却塔风机频率这5个参数作为优化参数。

3）约束条件的建立

上述确定了优化控制的5个参数，在实现控制的过程中，需要为优化参数制定一个参数的范围，即控制参数的约束条件。很显然，参数的约束条件应该是保证系统稳定、高效运行的条件。

制冷机组的冷冻水出水温度、冷却水进水温度不能过低和过高，否则会导致设备故障。这里假设冷冻水出水温度的上下限分别为$T_{eo-high}$、T_{eo-low}；冷却水进水温度的上下限分别为$T_{ei-high}$、T_{ei-low}。一般而言，以在北京地区的电驱动离心式冷水机组为例，基于实际的制冷机组运行数据，发现在实际运行过程中，制冷机组的冷冻水出水温度最低下限为5℃、最高上限为13℃左右；冷却水进水温度一般控制在20℃以上，不超过33℃。

对于变频水泵，流量是通过变频器变频控制，过低的水泵频率会导致水泵运行效率低下，甚至有可能出现故障，一般而言，频率的下限值不得低于25Hz（50%的额定频率），在实际项目应用中，频率取60%～100%的额定频率，即30～50Hz为宜。对频率与流量的关系进行简单的换算（不要求过于精确）可以得到流量的约束条件，表示为：

$$0.6V_0 \leqslant V \leqslant V_0 \tag{4-18}$$

式中：V_0——水泵额定流量（m^3/h）；

V——水泵实际流量（m^3/h）。

与变频水泵类似，变频风机的通过变频器变频控制，过低的频率会导致风机运行效率低下，甚至有可能出现故障，一般而言，频率的下限值不得低于25Hz（50%的额定频率），在实际项目应用中，频率取60%～100%的额定频率，即30～50Hz为宜。

4）目标函数的确立

上述给出了优化参数的变化范围，给定了相关的约束条件。对于冷源系统，需要确定一个函数关系，作为最终约束的目标函数。很显然，本研究最终的目的是优化相关的控制参数，使冷源系统的总能耗最低，即本研究的目标函数可以表述为：

$$\min(p_{\text{cold-source}}) = \min\left(\sum p_{\text{chiller}} + p_{\text{eo-pump}} + p_{\text{ci-pump}} + p_{\text{tow}}\right) \tag{4-19}$$

服从于以下约束条件：

$$\begin{aligned} &T_{\text{eo-low}} \leqslant T_{\text{eo}} \leqslant T_{\text{eo-high}} \\ &T_{\text{ci-low}} \leqslant T_{\text{ci}} \leqslant T_{\text{ci-high}} \\ &0.6V_{\text{e-o}} \leqslant V_{\text{eo}} \leqslant V_{\text{e-o}} \\ &0.6V_{\text{c-i}} \leqslant V_{\text{ci}} \leqslant V_{\text{c-i}} \\ &0.6f_{\text{o}} \leqslant f_{\text{t}} \leqslant f_{\text{o}} \end{aligned} \tag{4-20}$$

式中：T_{eo}——制冷机组冷冻水出水温度（℃）；

$T_{\text{eo-low}}$——制冷机组冷冻水出水温度下限值（℃）；

$T_{\text{eo-high}}$——制冷机组冷冻水出水温度上限值（℃）；

T_{ci}——制冷机组冷却水出水温度（℃）；

$T_{\text{ci-low}}$——制冷机组冷却水出水温度下限值（℃）；

$T_{\text{ci-high}}$——制冷机组冷却水出水温度上限值（℃）；

V_{eo}——冷冻水泵流量（m^3/h）；

$V_{\text{e-o}}$——冷冻水泵额定流量（m^3/h）；

V_{ci}——冷却水泵流量（m^3/h）；

$V_{\text{c-i}}$——冷却水泵额定流量（m^3/h）；

f_{t}——冷却塔风机运行频率（Hz）；

f_{o}——冷却塔风机额定频率（Hz）。

综上所述，我们确立了本研究优化控制的目标函数与约束条件，接下来的工作就是对目标函数进行求解。很显然，这是个涉及多个参数、多个目标的求解问题，普通的方法已经很难进行计算，这里我们需要运用一些机器学习算法进行多参数多目标问题的求解。

3．优化问题的求解策略与算法

1）多目标优化问题

对于许多的复杂系统，尤其是工业与制造业、交通与运输行业、能量的传输与分配等，都会存在着这样的一个现象和问题：

存在着一个要实现的目标（常常以函数的方式表达），存在着若干约束条件，要求在约束条件的约束下，能实现这个目标的最优化求解。

这就是多目标优化问题的自然语言表述，以数学的语言描述，可以表征为：

$$\min[f_1(x), f_2(x), \cdots, f_m(x)] \tag{4-21}$$

$$s.t.\begin{cases} lb \leqslant x \leqslant ub \\ Aep \times x = beq \\ A \times x \leqslant b \end{cases}$$

式中：　$f_i(x)$——需要进行优化的目标函数；

x——一组向量，是待优化的参数的向量表达；

lb和ub——参数x的限定范围，分别表示为参数的下限和上限；

$Aeq \times x = beq$——参数x的线性约束条件；

$A \times x \leqslant b$——参数x的非线性约束条件。

为了进行多目标的问题优化，需要用到一些算法进行求解。从算法的角度出发，可以将相关的算法分成两类：传统方法和机器学习算法。

（1）传统方法的核心是将多目标的问题减少为单目标，再利用单目标问题的求解方法进行计算。传统的多目标优化算法有约束法（将优化的某些目标作为约束条件，直至降为单目标）、加权法（为多目标分类权重，从而组合成单目标）等方法。很显然，传统的多目标优化算法本质上是单目标优化算法的一种变化，因而，存在着一些固有缺点：只能得到唯一的解、多个目标函数可能存在着不同的量纲，无法进行合理统一等。

传统的多目标函数优化算法存在着一些固有缺陷，因而不能总是保证得到合适的结果，甚至于往往许多问题传统方法根本无法进行求解。因而，近年来，一些新兴的机器学习算法得到了重视，开始被广泛使用。

（2）在多目标的优化问题中，新兴的机器学习算法有遗传算法、粒子群算法、蚁群算法等。从本质上，这些算法有其共性，都是模拟自然界的一些法则寻优的过程，其数学本质都是在可能的结果空间中进行搜索，寻找问题的最优解。与传统算法相比，这些算法具有更好的求解能力、更好的收敛性。

在相关的实际案例应用中，基于机器学习算法的多目标优化算法展示了较好的适用性，遗传算法、粒子群算法是其中两大类最重要的算法，本节对这两类算法的原理进行阐述，结合自身的优化问题，给出每类算法解决本研究中优化问题的求解方法与流程。下一节会基于实际数据，对这两类算法进行比较，选择合适的算法对本研究的优化问题进行求解。

2）遗传算法原理及其实现

遗传算法是求解多目标优化问题的一类典型机器学习算法，在实际使用中比较广泛。

（1）遗传算法原理

在自然界中，遵循着优胜劣汰的自然法则。生存环境越来越恶劣、资源越来越有限，不可避免地存在着生物之间的斗争，只有在生存斗争中获胜的生物个体才能够存活下来，这些生物个体被认为是适应力强的，是自然界“优化”的结果。

遗传算法借鉴了上述的自然界的进化规律，即适者生存，优胜劣汰法则。在算法中融入进化规律，进行问题求解时，在局部解空间中采用随机的搜索，寻找相对较好的结果，由此逐步扩充到全局解空间，一步一步寻优找出全局最优解。

遗传算法具有一些比较明显的特征，即算法直接对模型中的数据结构进行操作，不需要考虑数据结构与对象可能存在的不可导、不连续等特性的限定；算法采取的是概率化的寻优，根据个体最优的概率大小，确定该个体在解空间中占据的比例大小，从而可以自动调整最优化的搜索方向；算法是一种从局部到全局的寻优计算。

下式为典型遗传算法SGA（Simple Genetic Algorithm，SGA）的数学模型：

$$SGA=SGA(C,fitvalue,P_0,N,\Phi,\Gamma,\Psi,T) \tag{4-22}$$

式中：C——个体的编码方法；

$fitvalue$——个体适应度函数；

P_0——初始种群；

N——种群大小；

Φ——选择算子；

Γ——交叉算子；

Ψ——变异算子；

T——遗传算法收敛条件。

（2）遗传算法流程

遗传算法可以分为典型的7个步骤：

①编码：所谓编码，其实就是一种数据结构之间的映射。一般而言，现实问题都是通过数学的语言，以数学函数或者数学模型的形式表现出来的，其解空间采用的是常规的值描述，但是遗传算法的使用，是采用类基因型的数据结构，因此，为了现实问题能使用遗传算法，就需要对原始问题的解空间进行数据结构之间的映射，即编码。经常使用的编码主要是二进制编码：用一个二进制编码表示问题的解空间中的一个解。

本研究中，也采取二进制编码作为目标解空间的编码形式。

②初始群体P_0生成：所谓遗传算法中的初始群体，就是对应于解空间中的一组初始解。初始种群的规模大小会影响遗传算法的执行速度与效率，如果初始种群的规模过小，可能会陷入局部最优解，采用较大的规模可以避免这个问题，但是初始种群过大会导致算法复杂度大大提升，计算效率极低。

由于遗传算法采用的是概率式计算方法，所以对初始群体的选择通常不是人为指定的，一般采用随机生成的方式。当然，如果对求解问题能深入了解，能把握解空间的分布，那么人为指定初始群体有时可以加快算法的收敛。

本研究中不人为指定初始种群，采取随机生成策略。

③确定适应度函数$fitvalue$：适应度函数，是作为遗传算法持续后续操作的一种评价体系或者说衡量标准，在适应度函数中充分体现“优胜劣汰”的思想，即适应度函数值高的解是优质的，而适应度函数值低的解就可能是劣质的，可能被淘汰。

对适应度的选择有一定的选取原则，一般而言，适应度函数值必须大于或者等于0；适应度函数的单调性与目标函数一致或者相反。

本研究中，目标函数是冷源系统的总能耗最小，因而，对于适应度函数可以采取下述形式：

$$fitvalue=C-F \tag{4-23}$$

式中：$fitvalue$——适应度函数；

C——常量，可以取足够大；

F——目标函数。

④选择运算Φ：选择的目的就是进行“优胜劣汰”，体现在遗传算法中，就是根据适应度函数的值的大小，选择下一次遗传的父个体，适应度函数值高的个体，被选择作为下一次遗传的父个体的概率就比较大，反之，适应度函数值低的个体越可能被淘汰。

⑤交叉运算Γ：交叉的主要操作，就是父代个体数据结构进行一些交叉互换，这是遗传算法的主要操作之一。通过父代个体之间的交叉操作，可以得到一批新一代的个体，交叉操作使得新一代个体含有父个体的组合信息和特性。

在算法中，体现交叉操作的核心是交叉概率P_C。一般而言，交叉概率P_C过小会导致求解过程中产生具有独立特性的个体速度缓慢；交叉概率P_C过大，可以较快的实现具有新特征个体的能力，但是也有可能会导致算法流程被破坏。经验上讲，交叉概率P_C可以取0.25 ~ 1.00，对于本研究，选取交叉概率P_C为0.5。

⑥变异运算Ψ：顾名思义，变异就是自然界基因突变思想的体现。在遗传算法中，设置一定的变异，其结果是为了产生一些特异的个体，甚至于有时是“坏”个体，目的是避免求解时在局部解内徘徊，这是保证算法能得到全局优化解的一项重要措施。

在算法中，体现变异操作的核心是变异概率P_m。变异概率P_m越大，群体解的多样性就会越多，但是，过大的变异概率P_m也会导致遗传算法趋同于单纯的随机搜索，丧失遗传算法的其他个性。对于本研究，选取变异概率P_m为0.01。

⑦确定收敛依据T：任何算法，都需要设置一定的收敛条件，作为算法结束的标志，如果不设置收敛条件，或者设置不当，可能造成程序陷入无限循环、不停止的状况。在遗传算法中，一般设置算法的迭代次数T_{max}作为收敛依据，在本研究中，同样通过设置T_{max}使算法终止。

综上所述，通过上述的7个步骤，我们确定了遗传算法的典型应用步骤，并且根据本研究的特点，对典型的关键参数进行了约定。

（3）遗传算法的实现

根据上文，我们已经确立了本优化问题的遗传算法求解的一些关键步骤和关键参数，由此，可以得到遗传算法求解在本研究中的算法流程图，如图4–17所示，以及图4–18的伪代码。

3）粒子群算法原理及其实现

（1）粒子群算法原理

遗传算法的发展与应用使得科学家们和研究人员意识到，这种进化的自然概念与数学分析中的优化存在着不谋而合的一些联系，本质上有其相通之处。于是，研究人员开始关注于更多的自然与生物的演化规律，试图结合更多的自然规律得到更加高效简洁的优化算法。其中的一类算法代表，就是结合鸟群群体运动规律得到的粒子群算法，把鸟群中的个体成为粒子。

在鸟类群体的运动中，有一些基本的运行规律：在寻找食物的时候，群体中一个个体对食物感到敏感，也就是掌握了食物的一些相关信息，那么群体之间就会相互通信、传递信息，最终某个个体引导整个群体寻找到食物。

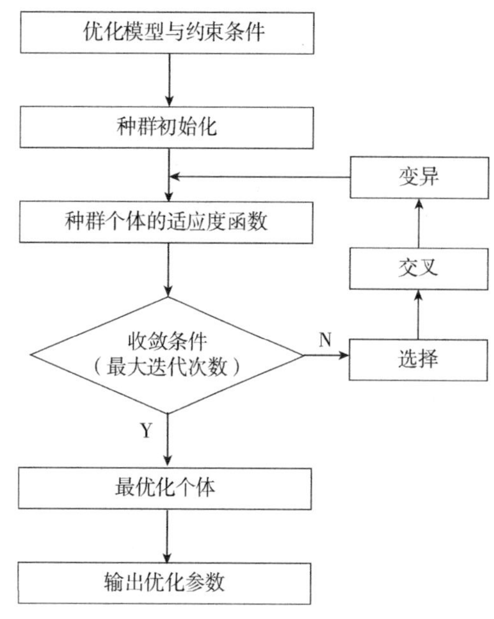

图4-17　优化问题遗传算法流程图

算法：遗传算法，用于求解多目标优化问题。

输入：

- 优化问题模型；
- 约束条件。

输出：优化控制参数。

方法：

（1）种族初始化；

（2）repeat

（3）种族个体适应度函数；

（4）选择；

（5）交叉；

（6）变异；

（7）until收敛条件。

图4-18　优化问题遗传算法伪代码图

鸟类群体运动中的“食物”相当于多目标优化问题中的最优解，这种鸟群寻找食物的方式为优化算法提供了一种很好的思路，即启发式搜索，在启发式搜索的基础上，形成了全局优化技术，这就是粒子群算法的原理所在。

下式为典型粒子群算法PSO（Particle Swarm Optimization，PSO）的数学模型：

$$PSO=PSO(fitvalue,P_0,m,w,c_1,c_2,T) \tag{4-24}$$

式中：$fitvalue$——适应度函数；

P_0——初始种群；

m——初始种群规模；

w——惯性权重；

c_1和c_2——加速度系数；

T——粒子群算法收敛条件。

下文对典型粒子群算法的数学模型及流程进行说明解释。

（2）粒子群算法流程

对粒子群算法进行说明，必须配合一些必要的数学描述：

对于N维目标搜索空间（可能的解空间），有m个粒子组成了一个群落（与鸟群类似），第i个粒子在N维空间中会有一个位置，用符号X_i表示，同时，它会有一个速度，用符号V_i表示；在这个位置，可以计算出该粒子的适应度函数值$fitvalue_i$，那么，很显然，在飞行过程中，该粒子会有曾经达到的最大的适应函数值和达到最大适应函数的位置，分别用$Pbest_i$和X_i^{Pbest}表示；同时，种群中所有粒子飞行中会经历一个最好位置$Gbest$，其索引用符号g表示。

那么，粒子群算法就是对上述过程寻找最好位置的一个算法，其可分为典型的5个步骤：

①粒子群初始化：与遗传算法的概念相似，即给定一组初始粒子，以其为开始迭代的最原始值。在粒子群算法中，通常给定粒子群的规模m，及相应的每个粒子的初始位置和速度。

一般来说，初始种群的规模也会影响粒子群算法的收敛特性。初始种群规模如果过小，那么收敛可能会陷入局部收敛；如果初始种群的规模过大，又可能会造成收敛速度低、算法效率低的状况。

对于本研究，初始化种群采取随机的策略，并不人为指定。

②确定适应度函数*fitvalue*：*fitvalue*是粒子在运动过程中，其位置的一个评价函数，用来衡量此位置是否是最佳位置。在粒子运动过程中，就是反复对*fitvalue*求值寻优的过程。

一般而言，在粒子运动中，可以将位置直接作为适应度函数*fitvalue*，*fitvalue*函数的值也就是位置的值。

对于本研究，设定*fitvalue*为冷源系统能耗模型的值。

③寻优过程：所谓寻优的过程，即在运动过程中，如果$fitvalue_i>Pbest_i$，那么就设定$fitvalue_i=Pbest_i$，$X_i^{Pbest}=X_i$，如果$fitvalue_i>Pbest$，那么就重新设置$Gbest$的索引号g，因为此时的$fitvalue_i$为运动到此刻的最佳值。

④运动过程：当一步的迭代截止时，就会根据③得到截止到这一步的最佳值；但是，迭代过程并未终止，还需要继续，这就是运动的过程。在粒子运动的过程中，粒子的位置和速度会发生相应的变化。一般而言，是通过下列的函数关系进行位置与速度更新：

$$v_{id}=wv_{id}+c_1r_1(x_{id}^{Pbest}-x_d)+c_2r_2(x_{gd}^{Gbest}-x_{id}) \tag{4-25}$$

$$x_{id}=x_{id}+v_{id} \tag{4-26}$$

式中：c_1和c_2——运动的加速度；

r_1和r_2——随机数，范围为［0，1］；

w——惯性权重。

在运动过程中，各个参数具有不同的作用，在粒子群算法中影响最大的几个参数。

惯性权重w，是粒子运动惯性的一种表示，与物理中的惯性概念类似。在算法运行过程中，如果w过小，则会导致收敛于局部解；而较大的w，会使得算法跳出局部解，向全局解搜索，但是，过大的w也会导致算法不稳定，可能不收敛。在本研究中，我们取w为0.5。

加速度c_1和c_2，顾名思义，加速度的大小会影响算法的速度。c_1和c_2越大，会让算法快速地到达最优解附近，很显然，如果c_1和c_2过大，那么解就会在最优解附近徘徊，永远不可能达到最优；而c_1和c_2如果过小，又会导致运动过于缓慢，可能到达迭代次数了，还是没有到达最优。一般而言，c_1和c_2可以取0～4之间的数值。本研究中，我们取加速度c_1和c_2为1。

⑤收敛条件T：与遗传算法类似，收敛条件即是算法终止条件，可以取固定收敛步数，也可以设定当每次迭代的结果差值为微小值时，迭代停止。

在本研究中，我们设定收敛条件为固定迭代次数T_{max}。

综上所述，通过上述的5个步骤，我们确定了粒子群算法的典型应用步骤，并且根据本研究的特点，对典型的关键参数进行了约定。

（3）粒子群算法的实现

根据上文，我们已经确立了本优化问题的粒子群求解的一些关键步骤和关键参数，由此，可以得到粒子群求解在本研究中的算法流程图，如图4-19所示，以及图4-20的伪代码。

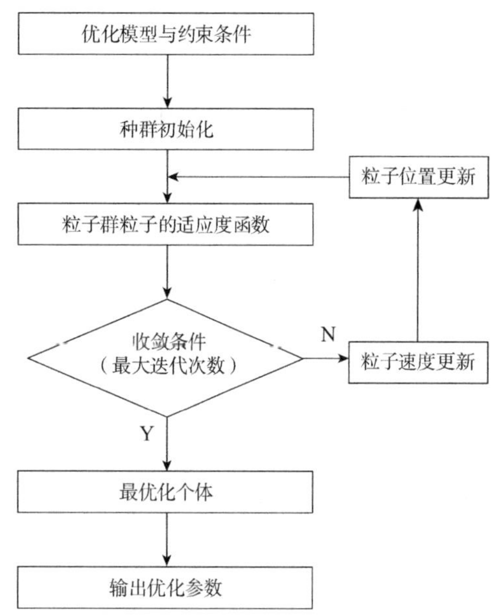

图4-19　优化问题粒子群算法流程图

算法：粒子群算法.用于求解多目标优化问题。

输入：

- 优化问题模型；
- 约束条件。

输出：优化控制参数。

方法：

（1）种族初始化；

（2）repeat

（3）种族个体适应度函数；

（4）粒子速度更新；

（5）粒子位置更新；

（6）until收敛条件。

图4-20　优化问题粒子群算法伪代码图

至此，我们分别建立了遗传算法和粒子群算法求解本研究的优化问题的流程和伪代码。从理论上讲，这两类优化算法都是可行的。

4.3.3　自适应控制策略

通常人们所说的自适应特征是人类或者其他生物为了能够适应其周围的环境变化，来改变自身生活习惯的一种方法。在自动控制领域，自适应控制则是为了适应系统被控对象自身的变化情况和外界干扰而引起的动态变化，控制系统能够自我修正其控制参数的一种智能控制方法。

对于空调冷源系统而言，常见的被控设备主要有冷水机组、水泵、冷却塔等，被控参数则是冷水机组冷冻水出水温度、冷却出水温度、水泵流量（频率）等。空调系统额输入参数，即所谓的外界干扰引起的直接变化是空调系统负荷。对空调系统而言，自适应控制策略应能根据系统负荷的变化，及时调整被控参数。

本研究中，我们根据空调系统负荷预测与优化控制的结果，提出了一种空调系统的自适应控制策略。

以预测负荷作为控制优化的输入参数，将优化后的各个控制参数作为空调冷源系统各设备的控制设定值。

考虑到冷源系统建模、负荷预测的算法误差皆在5%以内，以及空调冷源系统的运行稳定性，对上述控制策略进行优化，形成最终的空调系统前馈控制策略。

以小时为基本单位，以逐时预测负荷所在区间的上限负荷作为输入参数；将优化后的各个控制参数作为空调冷源系统各设备的控制设定值。

于是，自适应控制策略可以用表4–2表示。

空调系统的自适应控制策略　　　　**表4–2**

预测负荷率所在区间	预测负荷率所在区间上限	控制策略（各设备的控制参数）				
		冷冻水出水温度（℃）	冷却水进水温度（℃）	冷冻水泵流量（m^3/h）	冷却水泵流量（m^3/h）	冷却塔风机频率（Hz）
100%～95%	100%	*	*	*	*	*
95%～90%	95%	*	*	*	*	*
90%～85%	90%	*	*	*	*	*
85%～80%	85%	*	*	*	*	*
80%～75%	80%	*	*	*	*	*
75%～70%	75%	*	*	*	*	*
70%～65%	70%	*	*	*	*	*
65%～60%	65%	*	*	*	*	*
60%～55%	60%	*	*	*	*	*
55%～50%	55%	*	*	*	*	*
50%～45%	50%	*	*	*	*	*
45%～40%	45%	*	*	*	*	*

4.4　空调系统智能调控系统

基于空调系统的自适应控制策略与方法，本课题组研发了空调系统的自适应控制模块与系统，充分运用现代物联网技术、人工智能技术、群控技术，结合数据挖掘技术、现代统计学分析技术、运筹优化技术等技术手段，感知、整合、分析、优化系统运行的一系列分析方法，实现空调系统的微观管理到宏观+微观管理，从局部优化到整体优化。

4.4.1　系统架构与组成

控制系统包括：物联网监测模块、数据在线采集模块、数据存储模块、故障识别与报警模块、节能数据分析模块、集中优化控制策略模块、前馈控制模块、传感器、控制器、数据传输设备等。具体子系统模块构成如图4–21所示，硬件连接如图4–22所示。

40 故障识别与报警模块
50 节能数据分析模块
60 集中优化控制策略模块
70 前馈控制模块
数据传输
30 数据存储模块
数据库
数据库
数据库
自动输出节能控制参数
数据传输
20 数据在线采集模块
数据采集单元
数据采集单元
…
数据采集单元
10 物联网监测模块
传感器
环境参数
设备参数
系统参数
其他参数
数据传输
传感器
控制器
空调系统设备、室内外环境等

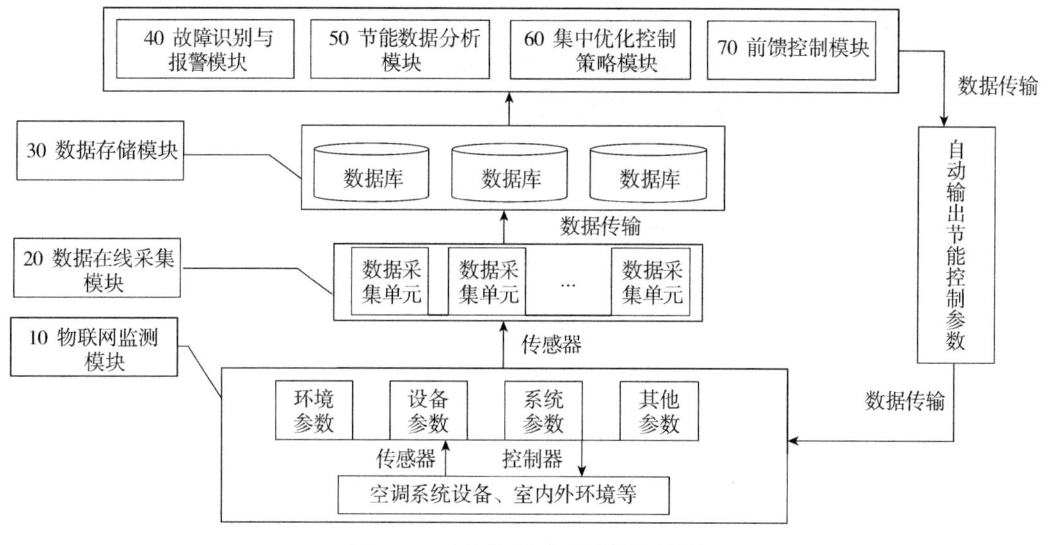

图4-21　空调前馈控制系统架构图

40 故障识别与报警模块
50 节能数据分析模块
60 集中优化控制策略模块
70 前馈控制模块
故障报警单元
系统运行参数分析单元
设备运行参数分析单元
节能潜力分析单元
数据对比分析单元
数据展示单元
控制策略优化单元
数据在线计算单元
历史数据建模单元
前馈控制策略单元
控制参数分析单元
负荷预测建模单元
30 数据存储模块
数据库
数据库
数据库
数据传输
数据传输
自动输出节能控制参数
20 数据在线采集模块
数据采集单元
数据采集单元
…
数据采集单元
传感器
室内外环境参数
设备状态参数
设备运行参数
系统状态参数
系统运行参数
能耗负荷参数
其他参数
10 物联网监测模块
数据传输
传感器
控制器
用户侧
空调冷热源
空调机组
冷却塔
水泵
其他设备

图4-22　空调前馈控制系统硬件连接图

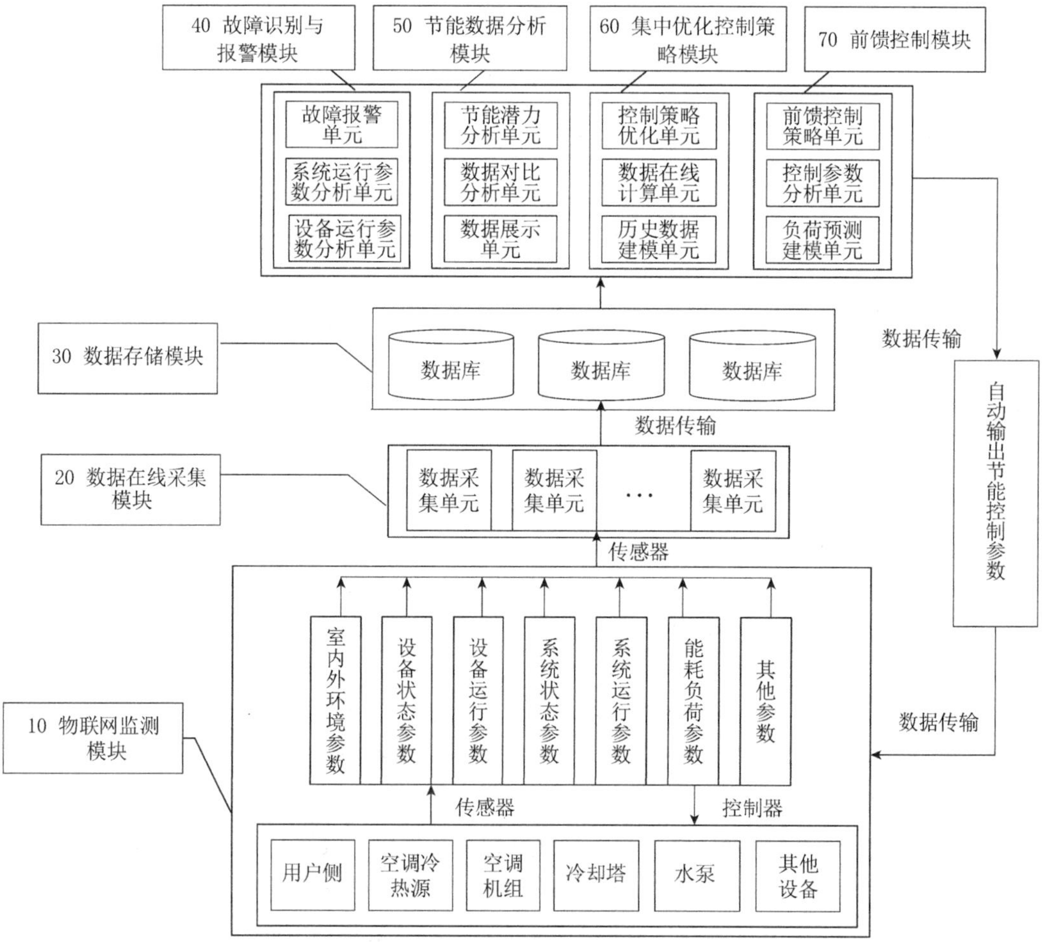

4.4.2　系统模块功能分析

物联网监测模块：对空调系统相关参数进行实时的监测，监测参数主要针对空调系统中的各设备和各系统，主要监测采集参数包括室内外环境参数、设备的状态参数、设备运行参数、系统状态参数、系统运行参数、设备的能耗数据、系统的能耗数据、其他参数等。

数据在线采集模块：通过数据采集单元对物联网监测的各个参数进行采集，本系统中的数据采集单元研发内置了适用于不同传输协议的传输接口，数据采集单元可以是（不限于）IP采集器、Modbus采集器等。

数据存储模块：通过结构性数据库及相应的数据传输协议，对数据采集模块采集到的数据进行实时的存储，本系统中的数据存储模块提供了多种数据库开放接口，如MySql、Oracle等。

故障识别与报警模块：通过实时分析设备、系统的状态参数和运行参数，根据内置的故障检测算法对设备与系统进行故障检测与识别，进而实现实时的故障报警。本系统中内置了研发的故障识别算法和故障诊断库，以及基于树结构的故障检测与识别方法。

节能数据分析模块：对数据库中存储的设备及系统运行数据进行实时的分析，通过展示单元、对比分析单元的数据运算，在节能潜力分析单元计算出设备及系统的节能潜力。本系统中的节能数据模块内置了研发出的节能数据分析算法：离线与在线数据训练设备与系统建模方法，全方位的能耗计算（同比、环比等）、能耗阈值计算方法，挖掘出设备及系统的节能潜力。

集中优化控制策略模块：在节能数据分析模块基础上，在历史数据建模单元中实现优化控制问题的建模，通过内置研发的优化控制算法，实现离线与在线的控制参数优化，形成新的控制策略。

前馈控制模块：负荷预测单元的负荷作为控制的输入参数，与集中优化控制策略模块产生的控制策略结合，形成前馈控制策略。并通过数据传输装置，传输到控制器，以控制器进行设备及系统的控制参数设定。

4.4.3　Java语言开发环境

本自适应控制系统和模块，采用开源的Java语言开发环境。

Java是一门面向对象编程语言，不仅吸收了C++语言的各种优点，还摒弃了C++里难以理解的多继承、指针等概念，因此Java语言具有功能强大和简单易用两个特征。Java语言作为静态面向对象编程语言的代表，极好地实现了面向对象理论，允许程序员以优雅的思维方式进行复杂的编程。

Java语言及其编程具有以下特性：

1．简单性

Java看起来设计得很像C++，但是为了使语言小和容易熟悉，设计者们把C++语言中许多可用的特征去掉了，这些特征是一般程序员很少使用的。例如，Java不支持go to语句，代之以提供break和continue语句以及异常处理。Java还剔除了C++的操作符过载（overload）和多继承特征，并且不使用主文件，免去了预处理程序。因为Java没有结构，数组和串都是对象，所以不需要指针。Java能够自动处理对象的引用和间接引用，实现自动的无用单元收集，使用户不必为存储管理问题烦恼，能把更多的时间和精力花在研发上。

2. 面向对象

Java是一个面向对象的语言。对程序员来说，这意味着要注意应中的数据和操纵数据的方法（method），而不是严格地用过程来思考。在一个面向对象的系统中，类（class）是数据和操作数据的方法的集合。数据和方法一起描述对象（object）的状态和行为。每一对象是其状态和行为的封装。类是按一定体系和层次安排的，使得子类可以从超类继承行为。在这个类层次体系中有一个根类，它是具有一般行为的类。Java程序是用类来组织的。

Java还包括一个类的扩展集合，分别组成各种程序包（Package），用户可以在自己的程序中使用。例如，Java提供产生图形用户接口部件的类（java.awt包），这里awt是抽象窗口工具集（abstract windowing toolkit）的缩写，处理输入输出的类（java.io包）和支持网络功能的类（java.net包）。

3. 分布性

Java设计成支持在网络上应用，它是分布式语言。Java既支持各种层次的网络连接，又以Socket类支持可靠的流（stream）网络连接，所以用户可以产生分布式的客户机和服务器。网络变成软件应用的分布运载工具。Java程序只要编写一次，就可到处运行。

4. 编译和解释性

Java编译程序生成字节码（byte-code），而不是通常的机器码。Java字节码提供对体系结构中性的目标文件格式，代码设计成可有效地传送程序到多个平台。Java程序可以在任何实现了Java解释程序和运行系统（run-time system）的系统上运行。

在一个解释性的环境中，程序开发的标准“链接”阶段大大消失了。如果说Java还有一个链接阶段，它只是把新类装进环境的过程，它是增量式的、轻量级的过程。因此，Java支持快速建立原型和试验，它将导致快速程序开发。这是一个与传统的、耗时的“编译、链接和测试”形成鲜明对比的精巧的开发过程。

5. 稳健性

Java原来是用作编写消费类家用电子产品软件的语言，所以它是被设计成编写可靠和稳健软件的开发语言。Java消除了某些编程错误，使得用它写可靠软件相当容易。

Java是一个强类型语言，它允许扩展编译时检查潜在类型不匹配问题的功能。Java要求显式的方法声明，它不支持C风格的隐式声明。这些严格的要求保证编译程序能捕捉调用错误，这就导致更可靠的程序。

可靠性方面最重要的增强之一是Java的存储模型。Java不支持指针，它消除重写存储和讹误数据的可能性。类似地，Java自动的“无用单元收集”预防存储漏泄和其他有关动态存储分配和解除分配的有害错误。Java解释程序也执行许多运行时的检查，诸如验证所有数组和串访问是否在界限之内。

异常处理是Java中使得程序更稳健的另一个特征。异常是某种类似于错误的异常条件出现的信号。使用try/catch/finally语句，程序员可以找到出错的处理代码，这就简化了出错处理和恢复的任务。

6. 安全性

Java的存储分配模型是它防御恶意代码的主要方法之一。Java没有指针，所以程序员不能得到隐蔽起来的内幕和伪造指针去指向存储器。更重要的是，Java编译程序不处理存储安排决策，所以程序员不能通过查看声明去猜测类的实际存储安排。编译的Java代码中的存储引用在运行时由Java解释程序决定实际存储地址。

Java运行系统使用字节码验证过程来保证装载到网络上的代码不违背任何Java语言限制。这个安全机制部分包括类如何从网上装载。例如，装载的类是放在分开的名字空间而不是局部类，预防恶意的小应用程序用它自己的版本来代替标准Java类。

7. 可移植性

Java使得语言声明不依赖于实现的方面。例如，Java显式说明每个基本数据类型的大小和它的运算行为（这些数据类型由Java语法描述）。

Java环境本身对新的硬件平台和操作系统是可移植的。Java编译程序也用Java编写，而Java运行系统用ANSIC语言编写。

8. 高性能

Java是一种先编译后解释的语言，所以它不如全编译性语言快。但是有些情况下性能是很要紧的，为了支持这些情况，Java设计者制作了“及时”编译程序，它能在运行时把Java字节码翻译成特定CPU（中央处理器）的机器代码，也就是实现全编译了。

Java字节码格式设计时考虑到这些“及时”编译程序的需要，所以生成机器代码的过程相当简单，它能产生相当好的代码。

9. 多线索性

Java是多线索语言，它提供支持多线索的执行（也称为轻便过程），能处理不同任务，使具有线索的程序设计很容易。Java的lang包提供一个Thread类，它支持开始线索、运行线索、停止线索和检查线索状态的方法。

Java的线索支持也包括一组同步原语。这些原语是基于监督程序和条件变量风范，由C.A.R.Haore开发的广泛使用的同步化方案。用关键词synchronized，程序员可以说明某些方法在一个类中不能并发地运行。这些方法在监督程序控制之下，确保变量维持在一个一致的状态。

10. 动态性

Java语言设计成适应于变化的环境，它是一个动态的语言。例如，Java中的类是根据需要载入的，甚至有些是通过网络获取的。

通过Java语言开发的控制系统软件界面如图4–23所示。

4.4.4　控制器

为了便于系统运行管理、合理优化采集控制器的采集点位，本智能控制系统选用课题组自有品牌的基于IP级的智能DDC控制器作为各传感器、控制信号的采集控制器，控制器型号为：Smart–E–24P。

该控制器是一款基于Sedona框架的高精度全通用通道智能DDC控制器，支持多种主流开放协议，与大部分BA平台和自动化平台兼容。完美地融合了IT系统与现场控制系统，极大地增强了系统的稳定性、结构的可靠性、控制的即时性和有效性；有效地简化系统结构、提高控制精度和人机亲和性，实现了智能化系统的革命性突破。

Smart–E–24P控制器充分利用成熟的IP网络技术，现场控制系统的有效数据传输速度提高到100M。Smart–E–24P控制器利用创造性的高精度全通用通道技术，有效地提高单通道

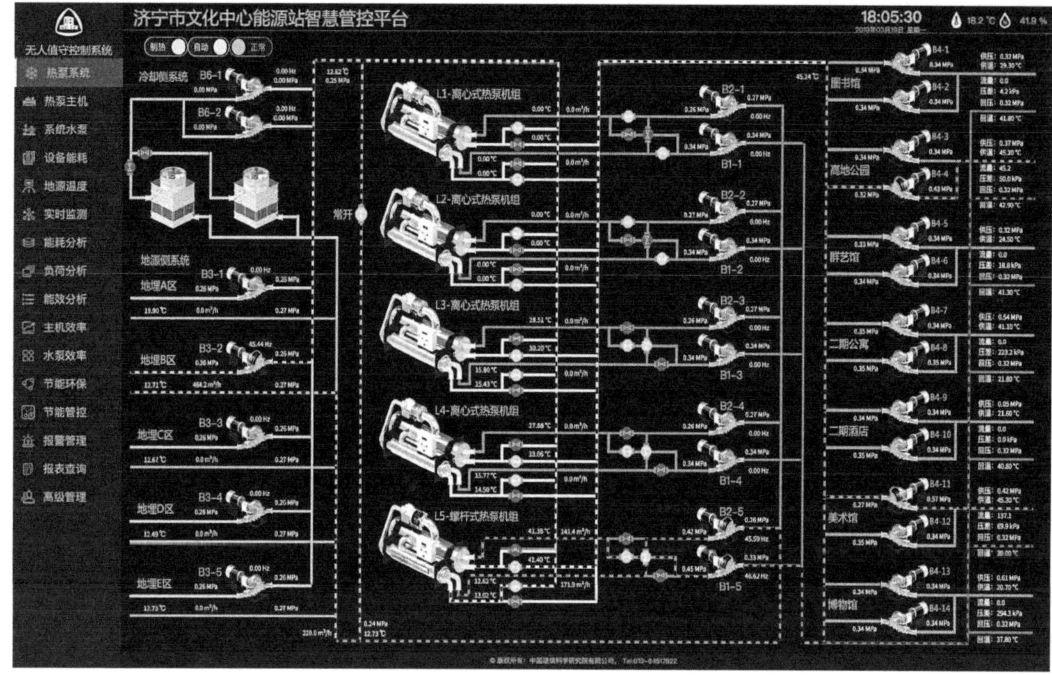

图4–23　空调前馈控制系统硬件连接图

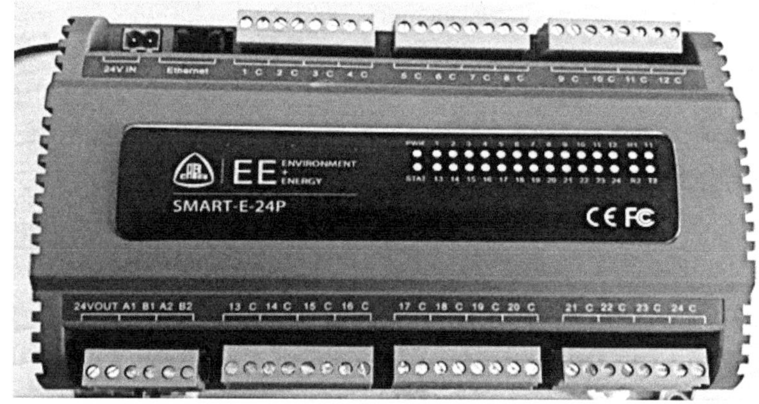

图4–24　智能控制器

控制多样性，增强控制的可靠性和稳定性，简化设计和现场调试工作、缩短项目施工工期、降低项目建设成本。

Smart–E–24P控制器的具体特点如下：

1．具有多协议以太网功能

（1）以太网端口同时支持BacnetIP、Modbus TCP及Sox协议。

（2）RS485端口支持Modbus RTU和Bacnet MS/TP协议。

（3）所有配置改变都受密码保护，网络传输数据提供加密功能，具有极高的网络安全性。

（4）与各种BA及工控软件系统兼容。

2．多种输入/输出类型

（1）24个全通用通道，模拟输入的分辨率为16bits Resolution，模拟输出通道分辨率为12bits Resolution，外接继电器的电源由控制器提供，无须额外电源。

（2）输入电压信号：0 ~ 10V（+/–0.0005V）、0 ~ 5V（+/–0.0003V）。

（3）输入电流信号：0 ~ 20mA（+/–0.01mA）、4mA ~ 20mA（+/–0.01mA）。

（4）输入电阻信号：0 ~ 30K（+/–10Ohm）、0 ~ 10k（+/–5Ohm）、1k ~ 1.5k（+/–1Ohm）。

（5）输入热电阻信号：NTC10K，PT1000，NI1000。

（6）模拟输出电压信号：0 ~ 10V。

（7）模拟输出电流信号：0 ~ 20mA、4mA ~ 20mA。

（8）数字输入信号：干接点，+5V at 500Ohm Resistance Maximum。

（9）数字输出信号：外接24V继电器输出（50mA Max，自带电源）。

（10）24个全通用通道均可配置为电压输入、电流输入、开关量输入、电阻测量。

（11）24个全通用通道均可配置为电压输出、电流输出和开关量输出（外接继电器）。

（12）24个全通用通道均采用了高速16A/D采用采集输入信号。

（13）24个全通用通道均采用了高速12位D/A转换产生输出信号。

3．Sedona FrameWork环境开发与编程

（1）Sedona FrameWork是自动化行业中最为易用、稳定的开源框架。

（2）支持Tridium的Workbench图形化编程工具。

（3）支持远程实时编程，大大提高现场效果。

（4）可基于Sedona FrameWork开发专用控制逻辑和模块。

4．Modbus/Bacnet MSTP网关支持

（1）控制器可以通过内嵌的协议转换为以太网和串口通信提供一个网桥，有效降低布线的成本、简化网络运行。

（2）内置转换协议（Modbus/Bacnet MSTP）。

5．智能控制算法：本控制器潜入了研发的自适应控制算法，有效地实现了端对端的控制，一方面可以及时进行边缘计算、控制调节，另一方面实现了控制器与系统平台的合理分工。

由控制器组成的控制柜如图4–25所示：

现场控制器集现场采集、显示操作、控制、通信为一体。具体可以实现：

（1）控制器采集主要的过程参数，将监测结果送至监控中心。

（2）自动响应中央站呼叫，接收上位通信调度软件的各种控制指令。

（3）主动将报警信息发往监控中心报警点

（4）按要求给上位机提供各种数据、控制调节等服务。

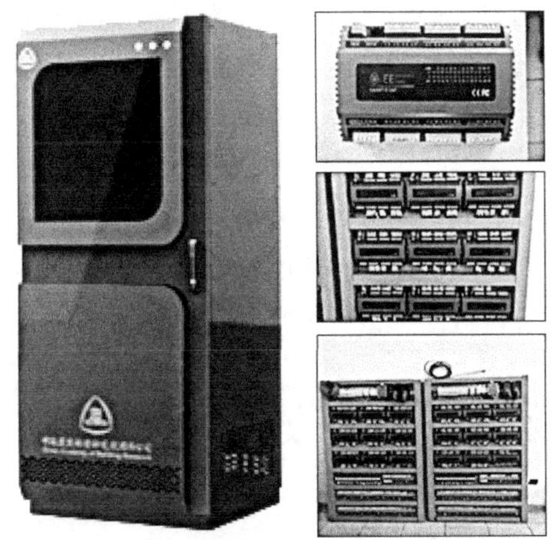

图4–25　智能控制系统

第 5 章　照明调控模式及调控算法

5.1　公共机构照明现状及研究方法

5.1.1　公共机构照明现状

当前建筑能耗占所有一次能源消耗量的30%～40%，其中人工照明能耗占公共建筑总能耗的20%～25%，是仅次于供暖、制冷、通风系统的第二大建筑能耗来源，因此照明节能已成为当今公共机构节能研究的重要领域之一。我国公共机构存量大，照明能耗高，不同类型公共机构照明需求的差异较大，具有显著的节能潜力。根据不同公共机构的光环境使用特点编写照明调控模式及调控算法，进而通过智能照明系统对公共机构的光环境进行精确控制，是实现保证光环境质量基础上降低照明能耗的重要途径。本章以对照明质量要求最高的教室为例，阐述公共机构照明质量和照明节能的研究方法，并介绍在照明调控模式及调控算法方面的研究成果。

5.1.2　公共机构照明研究方法

研究从不同类型公共机构的使用特点和照明需求出发，建立空间类型、照明参数、行为模式对于光环境舒适度和照明能耗影响的数学模型，在此基础上研发照明调控模式和调控算法。

教室是学生学习的主要场所，照明对学生的生理和心理都会产生影响，是光环境质量要求最高的公共机构类型。目前教室使用模式中，除自习和板书授课以外，投影授课已成为目前教室主要的使用模式。然而，调研显示，教室桌面、黑板面及投影面对于光环境的要求存在矛盾，过高的环境亮度会影响幻灯片投影的显示效果，而为了看清投影屏幕采取的关闭前排灯光等措施，往往不能保证黑板面阅读和桌面阅读的光环境质量。因此，如何在保证光环境舒适度和健康度的基础上节约照明能耗，是教室照明待解决的关键问题。

针对黑板、桌面、投影三个方面开展研究，通过客观测量与主观评价相结合的方法，建立基于C–SVC的教室光环境视觉舒适度评价模型，并在二维图面中进行模型可视化表达，找到照明节能与照明质量之间的平衡点，探索能够兼顾光环境质量与照明节能的控制算法。研究成果不仅能够为教室照明节能系统研发提供基础，同时所得到的基于实验的照明质量评价方法，也可为其他公共机构光环境研究提供思路支持。

5.2　照明评价实验

5.2.1　实验平台

光环境质量评价实验的最佳实验条件是基于场景还原的可调光环境实验室。本研究所进行的光环境质量评价实验在天津大学可变建筑空间智能化综合实验舱（图5-1、图5-2）中完成。该实验舱是一种能够模拟室内空间真实光环境的实验系统，既可以用于研究不同室内空间类型对于使用者视觉感受的变化规律，又可以用于优化建筑设计和室内设计方案。

图5-1　可变建筑空间综合实验舱外景

如图5-3所示，是全尺寸可变空间室内光环境模拟系统的结构示意图，整体光环境模拟系统由空间围护结构、顶板升降

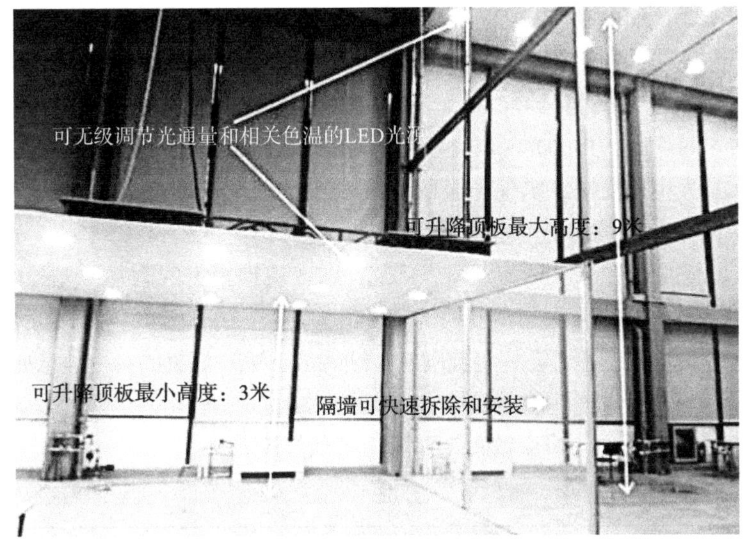

图5-2　可变建筑空间综合实验舱内景

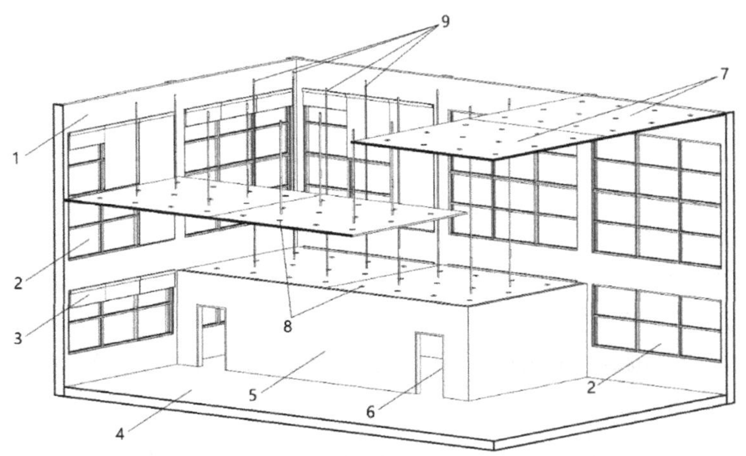

图5-3　可变建筑空间综合实验舱光环境模拟系统的结构示意图

控制系统、采光调节系统以及照明调节系统组成。

光环境模拟系统的空间围护结构主要由外墙1、外窗2及楼地面4围合而成，形成长宽高为24m×24m×9m的光环境模拟空间。外窗2采用侧面采光的形式，可模拟大部分常规建筑南向和东西向天然采光。对于形状规则的建筑室内空间，可通过搭建临时隔墙5进行空间尺寸的调节，并在隔墙上可预留门洞口6供使用人员出入。采光调节系统包括外部百叶遮阳和内部窗帘遮阳调节装置3。外部百叶遮阳可任意调节百叶角度，控制天然光进入室内的光通量；内部窗帘遮阳装置为不透光卷帘3，使用人员在地面即可完成全部卷帘遮阳高度的调节。外遮阳和内遮阳对于室内天然采光产生不同的遮阳效果，而且对于室内温度的变化也有不同的影响，所以设置这两种遮阳系统以供实验人员或设计者进行遮阳方案的合理选择。顶板升降控制系统主要由可升降顶板单元7和顶板高度调节装置9组成。顶板单元7为6m×6m的正方形顶板，颜色为浅灰色，并预留孔洞用于安装可调节LED光源8。每个顶板单元的高度均可以独立控制，相对于室内地面的高度范围为3～9m。顶板高度调节装置9由专用的控制系统进行控制，升降速度为0.1m/min。当顶板高度调节至所需高度时，可与临时隔墙5形成封闭的室内空间，从而实现常见室内空间的尺寸调节。照明调节系统包括顶板LED一般照明8和按需加装的局部照明组成。每个顶板LED光源8集成了可调节的白光LED和黄光LED发光芯片，通过移动端APP进行双电源功率控制，实现光通量和相关色温的无级调节。所使用的灯具为LED筒灯，每个灯具有两个独立的LED发光源，分别可以发射相关色温为2670K的黄光和相关色温为6700K的白光。通过每块顶板的无级调节系统，同一块顶板上的两种发光源可实现实际发光功率从10%～100%之间的无级同步变换（分度值为1%），并在灯具内均匀混合，使得发射出的可见光光通量和相关色温可在一定范围内连续调节。单一灯具的具体信息如表5–1所示。

可变建筑空间综合实验舱灯具信息　　表5–1

灯具参数项	值
发光源	LED（CCT＝2670K）+LED（CCT＝6700K）
光束角	120°（50%最大光强夹角）
调光	0～10V（双电源）
功率	30W×2
发光效率	100lm/W
色温范围	2670～6700K

对于实验研究或辅助建筑室内设计而言，完整的室内光环境模拟实施步骤如下：

步骤1，场景搭建：根据拟将模拟的建筑室内场景确定其朝向、室内环境布置和基本尺寸。然后进行室内空间围合，使用顶板高度调节装置9调节顶板所在高度至模拟场景的室内净高，搭建临时隔墙5以满足模拟室内空间的开间进深要求，并在临时隔墙上预留门洞口6，以供使用人员出入。空间围合工作完成后，对模拟场景进行室内装修，包括地面、墙面的面层处理及其他场景布置工作等。

步骤2，光环境模拟：调节光环境参数，以模拟室内空间的采光及照明效果。对于采光调节，主要通过外遮阳百叶调节装置调节进入室内天然光的光通量及角度，以及内遮阳卷帘装置3调节遮阳高度。研究人员可在不同天气及一天内不同时间段进行遮阳效果观察。对于照明调节，主要通过顶板LED一般照明8的无级调节以及按需求加装的局部照明来实现。每个顶板单元的LED光源均可通过独立的照明调节控制系统进行光通量、相关色温的调节。通过观察不同照明组合方案的效果，研究人员或设计者可以快速进行方案比选，从而确定最优照明设计方案。

步骤3，场景应用：该模拟系统及方法既可以用于开展光环境实验研究，供研究人员探索光环境参数的变化对于使用者视觉舒适及生理健康的影响，同时也可以辅助建筑室内设计，方便设计者进行建筑室内采光照明方案比选。通过采光和照明效果的调节，使用分光辐射亮度计等仪器设备测量指定平面的平均照度、照度均匀度、环境相关色温、统一眩光值、显色指数等参数，并通过调查问卷收集使用者对于模拟空间光环境的主观感受，进而完成数据采集及分析工作。对于实验研究而言，所采集的数据若不满足统计需求，需在此基础上增设光环境场景，使研究结论更具有统计意义；对于辅助建筑室内设计而言，若模拟室内的光环境参数不满足照明设计规范要求，或者使用者的主观感受较差，则需进一步调节采光和照明效果，从而优化照明设计。

5.2.2　实验场景搭建

通过空间调节装置在实验舱中搭建长、宽、高分别为12m、6m、3.6m的教室，外窗采用不透光的灰色遮光帘覆盖，并模拟教室布局均匀摆放18套桌椅和一块黑板，桌面尺寸为1.2m×0.6m，黑板尺寸为2m×1m，教室尺寸及配置如图5–4、图5–5所示。黑板的反射系数为0.17，每个桌面中心摆放的期刊反射系数（白纸）为0.84。

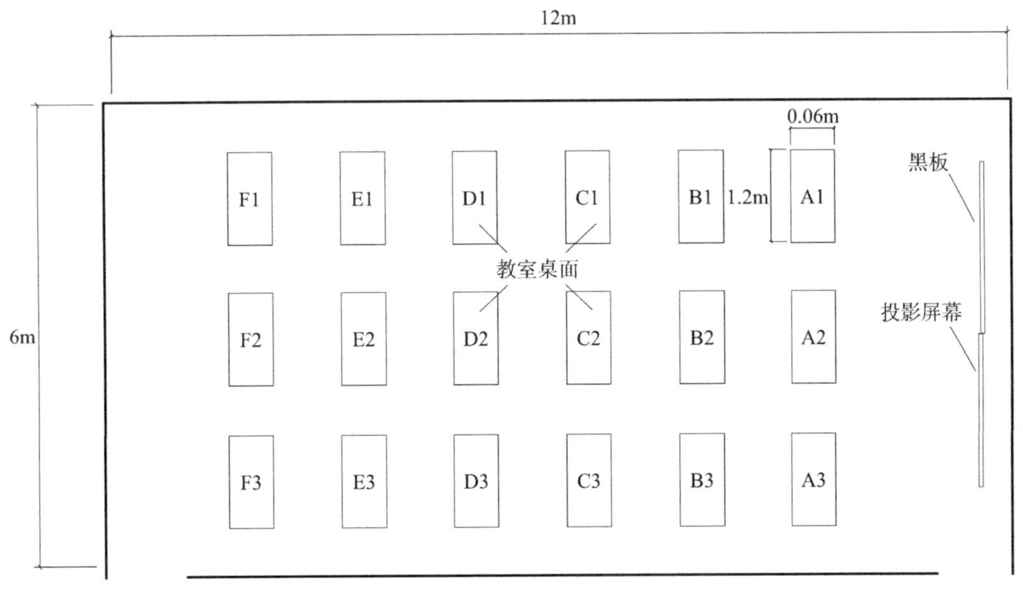

图5–4　教室空间场景设置

图5-5　教室模拟环境中的照明参数调节

5.2.3　主观评价实验

课桌面、黑板面及投影面阅读的视觉舒适度为本试验的评价对象，共设置了74种工况，且只设置一般照明，保证两个照明模块的照明参数一致。为了避免实验过程中被试者对于光源的梯度变化产生心理预期而影响评价结果，在测量前打乱工况顺序，并重新进行工况编号。通过照明模块的相关色温和光通量调节，使照明环境的相关色温覆盖范围为2670～6700K，0.75m水平面照度覆盖范围为20～1100lx。而显色指数Ra变化范围很小，为82～84。由于实验条件中仅使用一般照明，0.75m水平面的照度均匀度为0.67～0.88，黑板面的照度均匀度在0.88～0.92之间。

采用中心布点法，使用分光辐射亮度计（KONICA MINOLTA CL-500A）分别测量每个桌面测点和黑板面测点的照度、相关色温，每个测点测量2次取其平均值作为该测点的照明参数测量值。测量时间选择在20点以后，以最大化减小天然光影响。

对于黑板面和投影面，取所有测点照度的算术平均值，作为该工况下的平均照度，公式如下：

$$E_{\mathrm{av}} = \frac{1}{M \cdot N} \sum E_i \tag{5-1}$$

式中：E_{av}——实验照度，单位为勒克斯（lx）；

E_i——第i个测点上的照度，单位为勒克斯（lx）；

M——纵向测点数；

N——横向测点数。测量情况如表5-2所示。

工况测量概况　　　　**表5-2**

项目	桌面阅读	黑板面阅读	投影面阅读
工况数量	74	74	74
每个工况评价对象数量	18	1	1
每个评价对象测点数	1	8	4
照度范围	22.1～1099lx	14.2～524.2lx	14.53～566.74lx
色温范围	2670～6714K	2670～6520K	2660～6452K

选取135名年龄在20～26岁之间的本科生或研究生作为试验被试者，且男女性别比例大致相当。将上述被试者分为8组，每组16～18人，共开展8组评价试验，以便通过数据处理减小相同座位上的被试者评价结果异常的影响。每组被试者分别以彩色图书、板书及循环播放的深色及浅色底色的幻灯片作为视看对象，在74种不同照度和色温的组合工况下进行舒适度评价试验，如图5-6所示。

图5-6　教室光环境质量主观评价试验

相邻两组工况之间，被试者佩戴眼罩并经过1分钟休息后，才对下一个工况进行评价试验，以最大化减小前一组工况的光环境对被试者造成的心理影响。在充分适应每组工况的光环境后，被试者在该工况的光环境下填写主观评价问卷，以"是否有利于学习"为视觉舒适度的评价标准，被试者须在0～10中选择一个数字作为当前工况的舒适程度，0代表最不舒适，10代表最舒适，数字越大表示舒适程度越高，基本符合人们的日常打分习惯，且0～10分被等距离散化为"极不舒适""较不舒适""较舒适"和"最佳舒适"。该评分标准是在李克特5级量表法上基于以下事实的合理演绎：一是量表的信度、效度、问题的选项数量没有显著的相关关系，二是选项数量的增多会减小相邻选项之间的心理距离。因此，在不显著增加被试者测试时间的前提下，适当增加选项数量，使得不同的视觉舒适评级之间的心理距离适当缩小，从而使得不同被试者的实验评价结果能够具有较好的区分度。主观评价问卷如表5-3所示。

教室照明环境视觉舒适度实验主观评价问卷　　　　**表5-3**

工况编号：i											
1．您认为当前环境桌面阅读舒适度为：	0	1	2	3	4	5	6	7	8	9	10
2．您认为当前环境黑板面舒适度为：	0	1	2	3	4	5	6	7	8	9	10
3．您认为当前环境投影阅读舒适度为：	0	1	2	3	4	5	6	7	8	9	10

5.3 照明质量评价模型

5.3.1 光环境舒适度实验数据挖掘方法概述

基于特定室内场景的光舒适实验数据挖掘具体实现步骤如图5-7所示。

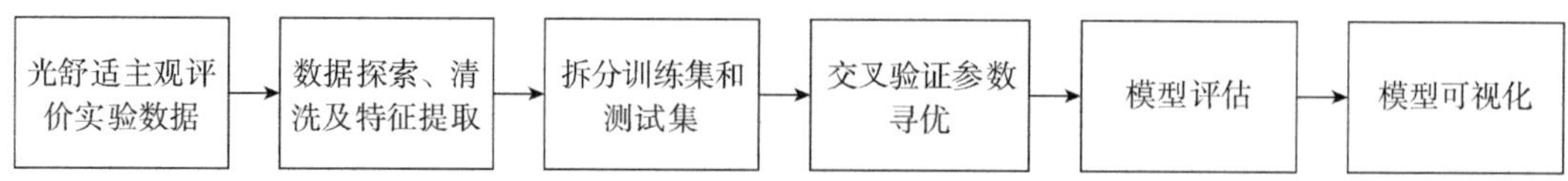

图5-7 基于特定室内场景的光舒适评价模型搭建步骤

完整的数据挖掘流程详述如下：

1. 目标定义

对于光舒适的研究而言，主要的研究目的是：根据特定场景，建立光环境质量或光环境舒适度的分类/回归预测模型，只要向模型输入场景的光参数（平均照度、相关色温、统一眩光值、照度均匀度、亮度等物理量）及其他必要特征变量，即可对该场景的光环境进行评价或预测。对有节能需求的场景，只需要将相关光参数调节至视觉舒适的低限值，从而降低场景的照明功率密度（LPD），实现照明节能。因此，该研究任务本质上为预测任务，需要通过模拟场景的主观评价实验收集数据，可采用分类或回归的数据挖掘方法对实验数据进行预测模型的搭建。

2. 数据收集/取样

在明确数据挖掘任务后，需要设计主观评价实验并进行数据收集，显然需要收集不同工况下的光环境物理参数以及主观实验过程中被试者对于光舒适的评价等级（或其他与研究内容相关的主观评价结果）。数据收集的标准包括相关性、可靠性、有效性。与企业的大数据量级不同，主观评价实验中的数据量通常很小，而过少的样本数量往往不足以使得数据挖掘模型充分训练，导致模型预测准确率偏低。尽管某些数据挖掘分类/回归算法或数据处理手段对于小样本数据集有着良好的表现（如：支持向量机算法、SMOTE前处理等），但是必须保证足够的样本数量，使得模型具有实际应用价值。因此，实验方案就决定了数据质量，在设计实验之前先决定采用哪种研究或分析方法，不同的研究任务、研究方法所决定的主观评价实验方案可能完全不同。

关于数据取样，如果所收集到的实验数据量很大，则需要采用合适的抽样方法，并保证数据的完整性和有效性。常见的抽样方法如下：

（1）随机抽样：在采用随机抽样方式时，数据集中的每一组观测值都有相同的被抽样概率。如按10%的比例对一个数据集进行随机抽样，则每一组观测值都有10%的概率被抽到。

（2）等距抽样：是将总体各单位按一定标志或次序排列，然后按相等的距离或间隔抽取样本单位。

（3）分层抽样：先将总体的单位按某种特征分为若干次级总体（层），然后再从每一层内进行单纯随机抽样，组成一个样本。

（4）分类抽样：分类抽样依据某种属性的取值来选择数据子集，如按用户名称分类、按地址区域分类等。

3. 数据探索

数据探索（Exploratory Data Analysis，EDA）目的是对数据进行直觉分析，完成这个事情的方法只能是结合统计学的图形以各种形式展现出来。通过EDA可以实现：得到数据的直观表现、发现潜在的结构、提取重要的变量、处理异常值、检验统计假设、建立初步模型、决定最优因子的设置等。当我们拿到一个样本数据集后，它是否达到我们原来设想的需求；样本中的数据呈现怎样的分布；是否有大量的数据缺失情况；各属性之间的相关性有多强……这些都是需要在数据探索阶段完成的内容。对所抽取的样本数据进行探索、审核和必要的加工处理，是保证最终的挖掘模型质量所必须的。而数据探索和预处理的目的就是为了保证样本数据的质量，从而为模型质量打下基础。对于光舒适实验数据挖掘任务，常用的数据探索方法主要包括：变量描述性统计、变量相关性分析、异常值分析、缺失值分析等。

4. 数据预处理

数据预处理（Data Preprocessing）就是对收集到的数据集进行前处理，使得处理后的数据可以直接用于数据挖掘模型的建立。现实世界中数据大体上都是不完整，不一致的脏数据，无法直接进行数据挖掘，或挖掘结果差强人意。为了提高数据挖掘的质量产生了数据预处理技术。数据预处理有多种方法：数据清洗、数据集成、数据变换、数据归约、数据标准化、主成分分析等。这些数据处理技术在数据挖掘之前使用，大大提高了数据挖掘模式的质量，降低实际挖掘所需要的时间。对于光舒适实验数据挖掘，以上提到的数据预处理方法都可能用到，可根据研究内容和所选择的数据挖掘模型进行选择。

5. 挖掘建模

当数据样本经过预处理后，需要根据挖掘任务（分类、回归、聚类、关联规则、时间序列、智能推荐）选择合适的算法进行模型搭建。光舒适实验数据挖掘的主要任务为分类或回归，常用的分类算法包括：逻辑回归、决策树、基于决策树的集成学习算法、朴素贝叶斯、支持向量机、人工神经网络等；常用的回归算法包括：线性/非线性回归、岭回归、决策树、基于决策树的集成学习算法、支持向量机、人工神经网络等。不同的算法有其相应的优缺点和适用条件。由于光舒适实验数据的量级较小，如果对模型的可解释性没有过高的要求，推荐使用支持向量机（Support Vector Machine，SVM）算法进行数据挖掘。而决策树（Desicion Tree）和集成学习（Ensemble Learning）算法具有较好的可解释性，可得到各个特征的重要性系数，适用于实验数据特征变量较多、实验数据量充足且需要判断特征重要程度的数据挖掘任务。其他算法如逻辑回归（Logistic Regression）、最小二乘回归、人工神经网络也可以用于光舒适实验数据的分类或回归数据挖掘任务，可根据具体情况选择，也可以尝试使用多个模型，最终选择预测准确率较高的模型作为最终的评价模型。

6. 模型评价

在分类/回归建模过程中，需要将数据集按一定比例随机分成训练集和测试集。训练集用于模型训练，调节模型有关参数，并将训练完成的模型在测试集上测试其性能表现，最终选择一组模型参数，使得其在测试集上的预测表现最优。由于某些评价指标对模型的性能可能存在“误判”，如何选择合适的评价指标至关重要。对于分类预测模型的性能评价，通常采用的评价指标包括：识别准确率（Accuracy）、精确率（Precision）、召回率（Recall）、

ROC曲线及AUC值、混淆矩阵、F-Score等；对于回归预测模型的性能评价，通常采用的评价指标包括：相对/绝对误差、平均绝对误差、均方误差、均方根误差、平均绝对百分误差等。

5.3.2 试验数据挖掘算法

在试验数据分析方面，以往的方法通常为试验数据的描述性统计、基于模糊理论的综合评价、基于数据的回归建模等传统分析方法。由于主观评价类试验的人员数量限制，样本量一般较小，而传统分析方法在小样本量条件下存在可靠性低、不能生成可视化分类界面等问题，导致研究结论的理论科学性和实际易用性较差。

对于试验数据挖掘而言，数据挖掘分类算法的选择是Kruithof修正曲线绘制的关键，同时也决定了光环境舒适度预测模型的准确率。由于光舒适主观评价试验数据往往具有样本量小、特征变量与标签变量呈现非线性关系等特点，比较适合使用支持向量机（Support Vector Machine，SVM）进行光环境舒适度分类模型的训练。SVM分类算法是在统计学习理论的VC（Vapnik-Chervonenkis）维理论和结构风险最小化原理基础上建立起来的机器学习算法，能够尽量提高模型的泛化能力，即使由有限数据集得到的判别函数对独立的测试集仍能得到较小的误差，因此对于非线性和小样本的分类与回归问题有着良好的表现。

对于线性不可分的二分类问题，假设训练样本集为$\{(x_i,y_i),i=1,2,3,\cdots,n\}$，其中$x_i\in R^m$为第$i$个训练样本，$y_i\in\{-1,1\}$为样本类别标签。SVM模型通过非线性变换$x_i\to\varphi(x_i)$将样本数据映射到高维空间，使得样本数据在高维空间中线性可分，得到最优分类超平面$\omega\varphi(x)+b=0$。对于所有训练样本，需要满足：

$$y_i[\omega\cdot\varphi(x_i)+b]\geqslant 1,\quad i=1,2,3,\cdots,n \tag{5-2}$$

即可将所有训练样本正确分类。图5-8虚线上的点满足$y_i[\omega\varphi(x_i)+b]=1$，这些点被称为支持向量（Support Vector，SV）。

这样，两类样本之间的分类间隔即为两条平行虚线间的距离，即$2/\|\omega\|$。显然，为了使结构风险最小化，应该在满足公式（5-2）的前提下，分类间隔越大越好。由此求解最优分类超平面问题转化为约束条件下的最优化问题（图5-8）。

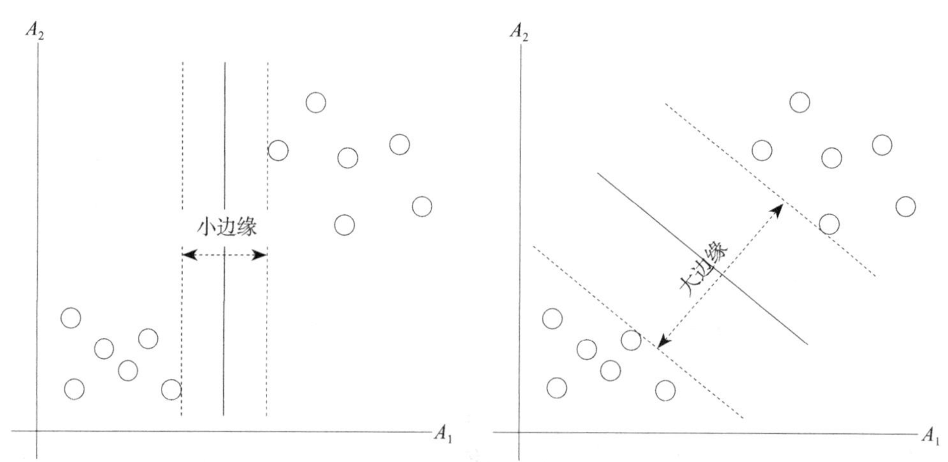

图5-8 SVM最优分类超平面示意图

$$\begin{cases} \min \quad \|\omega\|^2/2 \\ s.t. \quad y_i[\omega \cdot \varphi(x_i)+b]-1 \geqslant 0, \quad i=1,2,3,\cdots,n \end{cases} \tag{5-3}$$

为了防止模型过拟合，提高SVM模型的泛化能力，则可以在目标函数中增加松弛变量$\xi_i \geqslant 0$，用以控制分类界面的复杂程度。约束条件变为：

$$y_i[\omega \cdot \varphi(x_i)+b]-1+\xi_i \geqslant 0,\ i=1,2,3,\cdots,n \tag{5-4}$$

引入变量C作为误差惩罚因子，则目标函数可如下表示：

$$\begin{cases} \min \quad \|\omega\|^2/2+C\sum_{i=1}^{n}\xi_i, \quad \xi_i \geqslant 0 \\ s.t. \quad y_i[\omega \cdot \varphi(x_i)+b]-1+\xi_i \geqslant 0, \quad i=1,2,3,\cdots,n \end{cases} \tag{5-5}$$

构造拉格朗日函数求解式（5–5）的凸优化问题：

$$L(\omega,b,\xi,\alpha)=\frac{1}{2}\|\omega\|^2+C\sum_{i=1}^{n}\xi_i-\sum_{i=1}^{n}\alpha_i[y_i(\omega\cdot\varphi(x_i)+b)-1+\xi_i] \tag{5-6}$$

式中$\alpha_i(i=1,2,3,\cdots,n)$为拉格朗日乘子。分别对$\omega$，$b$，$\xi$，$\alpha$求偏导：

$$\frac{\partial L}{\partial \omega}=0,\frac{\partial L}{\partial b}=0,\frac{\partial L}{\partial \xi}=0,\frac{\partial L}{\partial \alpha}=0 \tag{5-7}$$

则可以将式（5–5）的凸优化问题转化为如下对偶问题：

$$\begin{cases} \max \quad \sum_{i=1}^{n}\alpha_i-\frac{1}{2}\sum_{i=1}^{n}\sum_{j=1}^{n}\alpha_i\alpha_j y_i y_j K(x_i,x_j) \\ s.t. \quad \sum_{i=1}^{n}\alpha_i y_i=0;0\leqslant\alpha_i\leqslant C,(i=1,2,\cdots,n) \end{cases} \tag{5-8}$$

其中核函数$K(x_i,x_j)=\varphi(x_i)\cdot\varphi(x_j)$，$C$为误差惩罚因子，用于控制模型错误分类的程度。最终可以解得拉格朗日乘子向量$\alpha^*=(\alpha_1^*,\cdots,\alpha_n^*)^T$，$b^*=y_j-\sum_{i=1}^{n}\sum_{j=1}^{n}y_i\alpha_i^*K(x_i,x_j)$，由此得到判决函数为：

$$f(x)=\operatorname{sgn}\left(\sum_{i=1}^{n}y_i\alpha_i^*K(x_i,x)+b^*\right) \tag{5-9}$$

对于多分类问题，假设共有A类样本，SVM通常有以下两种策略：

（1）“一对一”的判别策略。此策略中，A类样本中任意两类样本之间都需要训练一个分类器，所以共需要A(A–1)/2个SVM分类器。

（2）“一对多”的判别策略。此策略中，逐次将每类从众多类样本中分离出来，对于A类样本共需要A个SVM分类器。

首先，对实验数据进行前处理，去除异常值，以排除个别被试在某些工况下的无效评价。然后，对处理后的数据进行分析，选用合适的算法，建立不同建筑类型的光环境评价模型。

5.3.3 数据前处理

本试验共计135名被试者，对于每种工况的桌面、黑板面及投影面阅读舒适度评价值，借助python编程语言采用四分位数法批量去除异常值，即：对于依次进行的8组试验中相同座位上的舒适度评价值，将超出上、下四分位点1.5倍四分位距（Interquartile Range，IQR）的异常点删除。排除异常值后，计算第j组工况下第i个座位上被试者的阅读舒适度评价等级的算术平均值$V_{ij}(i=1,2,\cdots,18;\ j=1,2,\cdots,74)$。再将每个工况下18个不同座位上的最终评价值再进行算术平均，即：

$$V_j=\frac{1}{18}\sum_{i=1}^{18}V_{ij} \tag{5-10}$$

得到每组照明工况下的被试者整体舒适度评价值V_j。为了构建三者的舒适度分类预测模型，还需要根据标签数据分布情况将得到的平均舒适度进行数据离散化处理。对于桌面和黑板面，将各工况的平均舒适度数据离散化形成以下4个区间：0＜舒适度均值≤2.5、2.5＜舒适度均值≤5、5＜舒适度均值≤7.5、7.5＜舒适度均值≤10；对于投影面，将各工况的平均舒适度数据离散化形成以下4个区间：4＜舒适度均值≤5、5＜舒适度均值≤6、6＜舒适度均值≤7、7＜舒适度均值≤8。这4个区间分别代表“极不舒适”“较不舒适”“可以接受”“最佳舒适”，也就是在Kruithof曲线将视觉舒适度进行二分类处理的基础上，进一步细化成四分类问题，从而保留了人们对于光环境舒适度的认知习惯，并将他们分别标记为“0”“1”“2”“3”，作为输入模型的标签变量y。

用于模型训练的特征变量为：（1）每个实验工况的环境相关色温，记为x_1；（2）视看对象的平均照度（针对黑板面和桌面）或无环境光干扰的纯白幻灯片屏幕平均照度分别与每个实验工况下投影面环境光照度的差值（针对投影面），记为x_2。最终用于建模的数据如图5-9 ~ 图5-11的散点图所示（保持与Kruithof曲线一致的横纵坐标习惯），其中横坐标表示相关色温（CCT），纵坐标表示照度（Illuminance）（投影面的纵坐标表示纯白投影照度与环境光照度的对比），awful、uncomfortable、good、excellent的散点分别表示极不舒适、较不

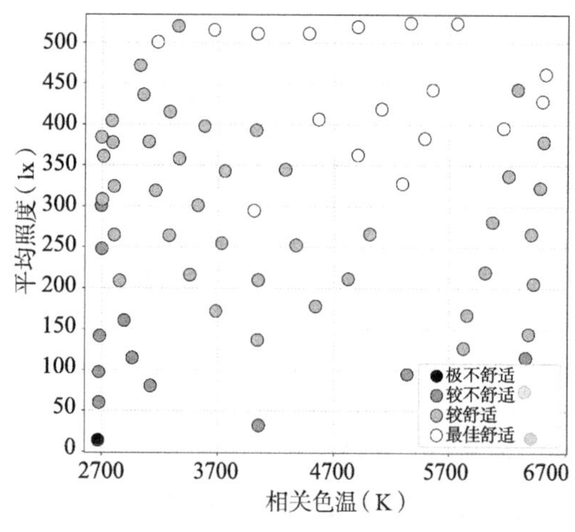

图5-9 数据处理后的黑板面实验数据结果分布

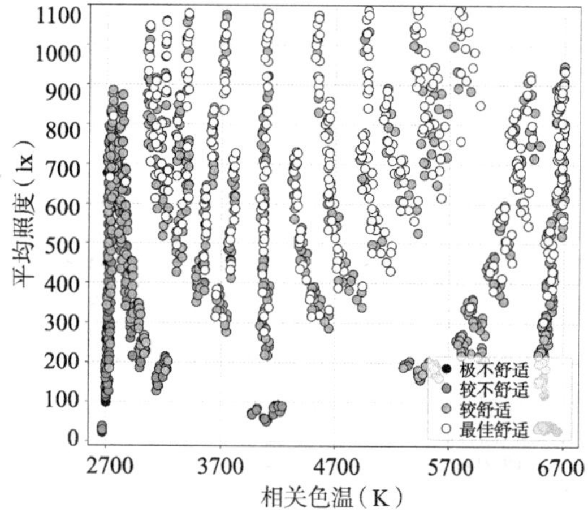

图5-10 数据处理后的桌面实验数据结果分布

舒适、可以接受、最佳舒适这几种舒适度评价指标。图5-9中的每个点代表一个实验照明工况下，黑板平均照度、环境相关色温以及所有典型被试者（即考虑了异常值问题）对于当前工况下黑板面阅读舒适性的总体情况；图5-10中的每个点代表一个实验照明工况下，一名典型被试者（即考虑了异常值问题）所在位置的桌面视觉中心照度、环境相关色温以及该被试者对当前工况下的桌面阅读舒适等级；图5-11中的每个点代表一个实验照明工况下，投影面的纯白投影照度与环境照度对比（经实验验证，投影阅读舒适的影响因素与桌面、黑板面不同，这里使用数据挖掘中的特征工程思想，提取每种工况下“纯白投影照度与环境光之于投影面的垂直照度差”作为数据挖掘建模时的特征之一）、环境相关色温以及所有典型被试者（即考虑了异常值问题）对于当前工况下投影阅读舒适性的总体情况。这些数据将直接用于C-SVC模型搭建。

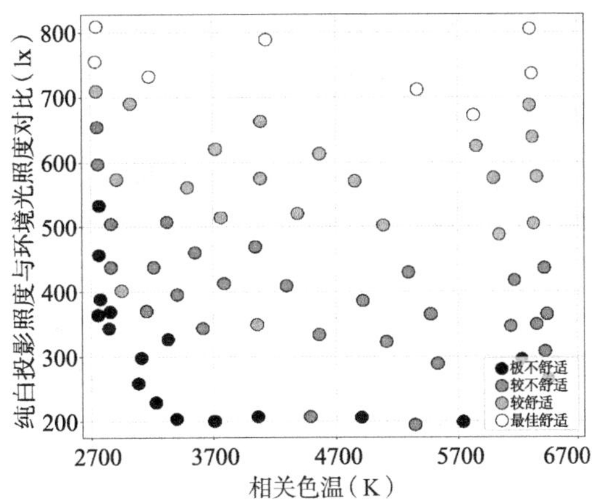

图5-11　数据前处理后的投影阅读舒适度实验结果分布

5.3.4　C-SVC模型搭建

Foucquier等人总结了数据挖掘技术在建筑节能领域的应用情况，而SVM模型在建筑能耗和室内温度预测方面有着良好的性能表现。SVM算法能够最大程度提高模型的泛化能力，即使由有限数据集得到的判别函数，对独立测试集仍能得到较小的误差，因此该方法对于小样本数据的分类或回归建模有着很好的表现。本研究使用数据科学中常用的python3.6和sikit-learn等工具包，针对桌面阅读、黑板面阅读以及投影面阅读分别搭建C-SVC光环境质量评价模型，核函数选择径向基函数（RBF），其形式为：$K(x_i,x_j)=\exp(-\gamma\|x_i-x_j\|^2)$，其中$\gamma$为参数变量。具体建模过程如下：

（1）划分训练集和测试集。本研究中黑板面阅读舒适度实验和投影面阅读舒适度实验均有74组数据样本，桌面阅读舒适度实验共有1332组数据样本，均按照4：1的比例将原始数据随机划分成训练集和测试集，用于训练并测试C-SVC模型性能。

（2）参数调节和模型训练。对于桌面和黑板面的实验数据，将训练集样本中的平均照度和相关色温作为特征变量，处理后的舒适度评价等级作为目标变量，作为模型的输入；对于投影面实验数据，将训练集样本中的照度对比和相关色温作为特征变量，其他与桌面、黑板面的建模过程相同。通过网格搜索和*K*折交叉验证进行参数调节，得到最优的*C*和*gamma*值（*C*为误差惩罚因子，*gamma*即为RBF核函数中的γ参数），并通过观察训练集预测准确度来防止模型过拟合。

（3）利用上一步得到的最优*C*和*gamma*参数组合，对整个训练集进行训练，得到基于C-SVC的光环境质量评价模型。

（4）用训练好的C-SVC模型对测试集样本进行预测，通过计算分类模型的评价指标来评价模型性能。由于实验产生的数据集为非平衡数据集，仅以测试集预测准确率来评价模型性能无法反映出模型的真实性能。对于多分类问题，可以采用一种Receiver Operating Characteristic（ROC）曲线向多分类问题推广使用的方法，而Area Under the Curve（AUC）在sklearn中以micro-average的方式进行计算。

值得一提的是，由于试验空间中每个桌面区域的光环境均为一个评价对象，需要保证同一照明工况下90%以上的使用者对于教室中照明质量最差的桌面仍然保持满意。这就要求对于“较不舒适”和“极不舒适”的分类预测结果有一个很高的召回率（Recall），使得对教室桌面照明质量的要求更加严格。因此，在利用Python进行C-SVC建模时，设置“极不舒适”“较不舒适”“较舒适”“极舒适”的附加权重为［3，3，1，1］。

5.3.5 模型验证

黑板面、桌面及投影面照明视觉舒适度模型在测试集上的预测准确率分别为0.933、0.629和0.867，*AUC*分别为0.961、0.898和0.951。黑板面、课桌面及投影面的C-SVC模型分类界面及ROC曲线绘制如图5-12～图5-14所示。从模型的ROC曲线形状和*AUC*值可以看出，黑板面、桌面及投影面的照明舒适度模型具有良好的分类性能。尽管照度均匀度、显色指数（Color Rendering Index）、统一眩光值（Unified Glare Rating，UGR）等特征对于模型光环境质量的预测性能可能有一定的贡献，但是由于特征数量增加会导致模型无法进行直观的可视化表达，进而丧失了模型的易用性。因此，在参考有关文献论述以及综合考虑模型的易用性和预测准确性的情况下，只选择对于光环境质量评价最重要的平均照度和相关色温（CCT）作为模型的特征选取结果。此外，模型是否能用于实际教室照明环境质量的评价，主要取决于实验样本能够在多大程度上代表总体。从实验照明工况的散点图来看，实验样本在照度和相关色温的分布上均较为均匀和连续，相比于同类研究中设置的少数几组实验工况来说，能够更好地覆盖教室照明环境总体情况，因此该模型可以在实际应用中指导教室照明设计或对教室的实际光环境做出准确评估。

降低室内空间照明功率密度值是照明节能的主要手段，而工作面平均照度往往能反映照明能耗的大小。黑板面和桌面的照明质量C-SVC评价模型可视化结果中，可以找到不同舒适等级的最节能参数组合，做到了照明节能与视觉舒适的权衡。由于人眼对于光环境有

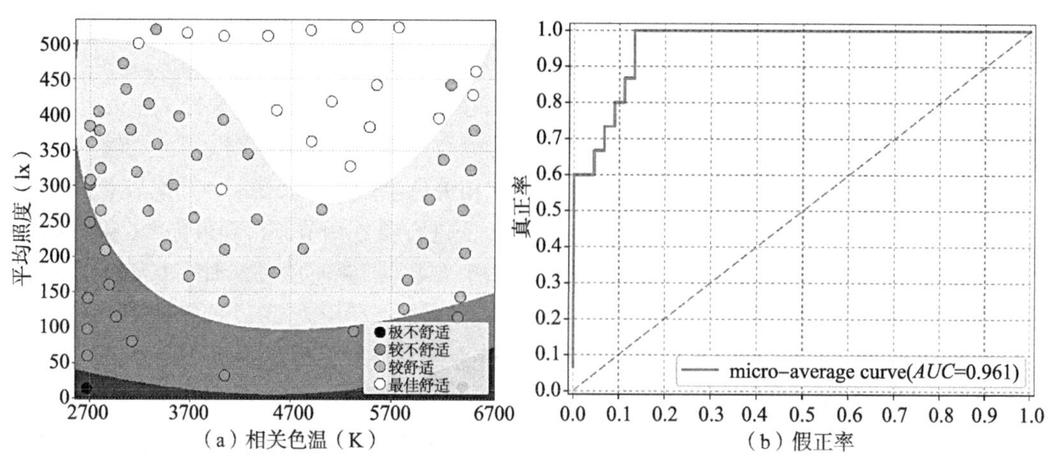

图5-12　黑板面照明舒适度C-SVC模型及ROC曲线

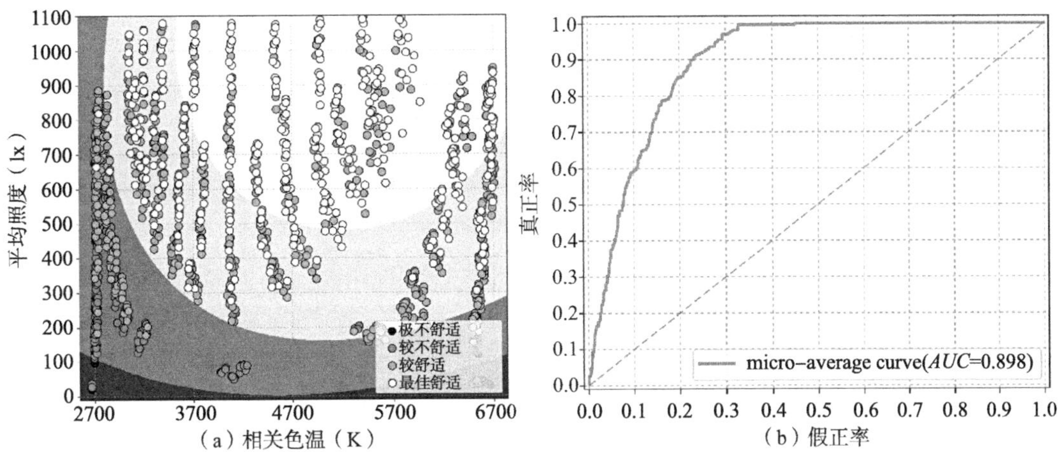

图5-13 桌面照明舒适度C-SVC模型及ROC曲线

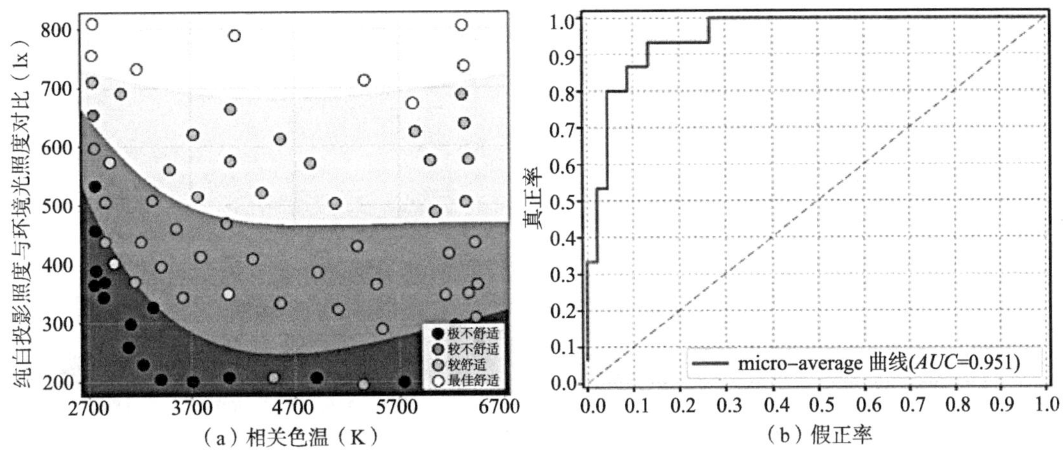

图5-14 投影面照明舒适度C-SVC模型及ROC曲线

一定的适应能力，只要照明参数在可接受范围内，不必担心照明参数的改变可能会导致的短期不适问题。为了说明在实验条件下照明节能效果，选取其中的3种照明工况对比其照明舒适度和照明功率密度（*LPD*），照明参数及能耗比较结果分别如图5-15和表5-4所示。从对比结果可见，3种照明工况的视觉舒适度没有太大的差别，但工况12的照明功率密度仅为3.0W/m^2，相比于工况36和工况34分别节约40%和50%的照明能耗。因此，保证教室中黑板面和桌面最不利照明的照度落在“较舒适”区域内，即可达到最基本的视觉舒适要求且最有利于照明节能。

3种实验照明工况下视觉舒适度和照明能耗对比 表5-4

项目	工况12	工况36	工况34
白光LED功率（W）	6	9	12

续表

项目	工况12	工况36	工况34
黄光LED功率（W）	3	6	6
黑板面平均照度（lx）	95.16	178.43	211.58
桌面平均照度（lx）	182.11	346.07	416.46
环境色温（0.75m水平面，K）	5480	4543	4565
视觉舒适度分类	较不舒适和较舒适临界	较舒适	较舒适
照明功率密度值（W/m^2）	3.0	5.0	6.0

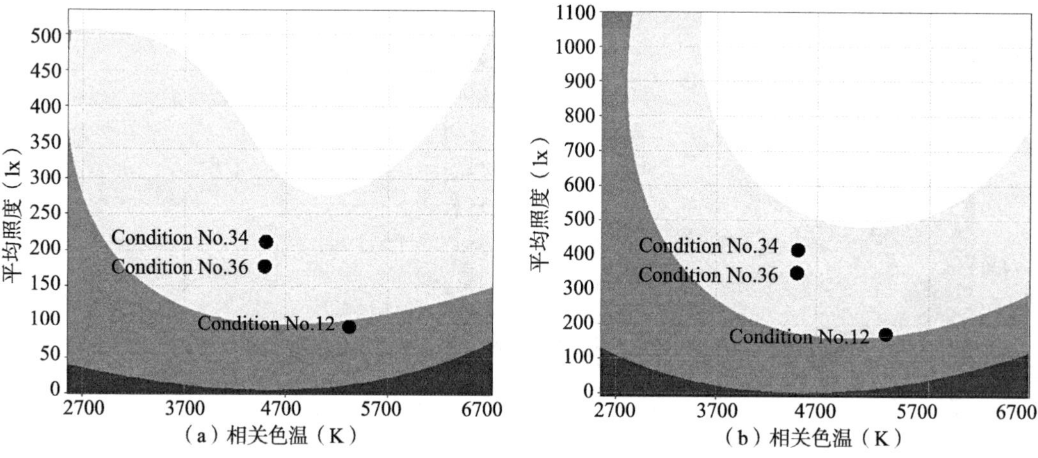

图5-15　3种照明工况在C-SVC模型可视化结果上的表示

5.4　照明控制策略和控制算法

基于教室光环境舒适度的照明节能控制系统算法是在满足教室光环境舒适度的照明节能评价模型基础上进行的函数拟合，拟合方法为：获取最佳舒适区在纵轴方向的下边界参数值，每个横坐标值对应满足最佳舒适区的最小纵坐标值，且每个横坐标值对应唯一的纵坐标值，采用多项式函数进行拟合。

5.4.1　黑板面照明控制策略和控制算法

黑板面照明控制算法是黑板面照度y和相关色温x的关系函数：

$$X=\frac{x-2700}{6700-2700}$$

$$Y=\frac{y}{500}$$

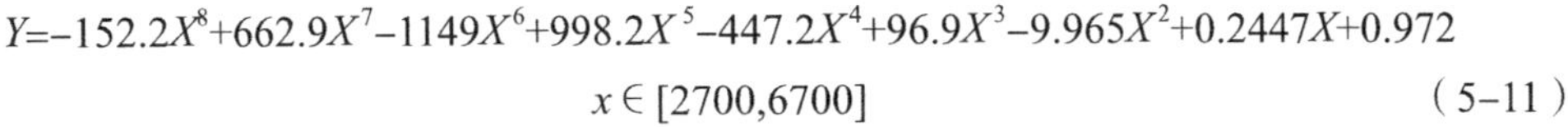

$$Y=-152.2X^8+662.9X^7-1149X^6+998.2X^5-447.2X^4+96.9X^3-9.965X^2+0.2447X+0.972$$

$$x\in[2700,6700] \tag{5-11}$$

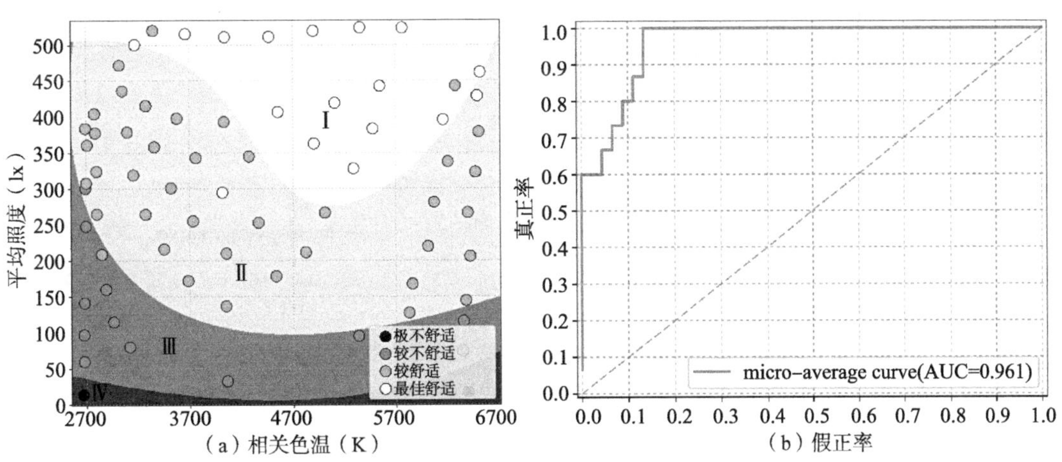

图5-16　黑板面照明舒适度C-SVC模型及ROC曲线

根据图5-16可得出控制策略：

（1）Ⅰ区域为最佳舒适区，对于教室这一对光环境要求较高的建筑类型，在上课等正常使用时，应优先通过照明设计使相关参数满足舒适要求。为实现光环境舒适，要求黑板面最低垂直照度为290lx，即当照度低于290lx时，无论采用何种色温的光源均不能实现高舒适度；同时采用290lx照度值时，光源色温应为5000K，当以5000K为基准点提高或降低相关色温时，必须提高照度才能达到视觉舒适水平，且色温越低或越高，所对应的照度值越高。因此，在保证照明舒适度的基础上：当对教室的光源色温无特殊要求时，应采用290lx、5000K的照明参数组合对照明节能最为有利；当对教室的光源色温有特殊要求时，尽量不要采用低于4000K或高于6000K色温的光源，因为当色温低于4000K或高于6000K时，需要400lx以上的照度才能达到舒适水平，不利于照明节能，同时过低或过高的色温并不适用于教室这一工作场景。

（2）Ⅱ区为可接受区，当问题讨论等非上课模式时，可将设计参数降低到该区域以节约照明能耗。可接受区要求黑板面最低垂直照度为100lx，此时对应的光源色温为4700K，但当4000K≤CCT≤5500K时，基本可通过100lx的照度实现可接受舒适要求；当CCT<4000K时，为保证舒适所需的照度值迅速增加。因此推荐使用“E=100lx且4000K≤CCT≤5500K”的照明设计参数组合，尽量避免使用CCT<4000K的低色温光源，对节能最为有利。

（3）Ⅲ区和Ⅳ区分别为较不舒适区和极不舒适区，当照度低于100lx时，无论采用何种色温光源均不能满足舒适要求，因此在黑板照明中不应采用100lx以下的照度指标。

5.4.2　课桌面照明控制策略和控制算法

通过肉眼观察散点图可以发现不同的照度参数组合之间并没有明显的分类界面，这是因为不同的使用者对于光环境的喜好存在明显的个体差异，而C-SVC模型在进行分类时会保证总体误差最小，从而找到最佳分类超平面。

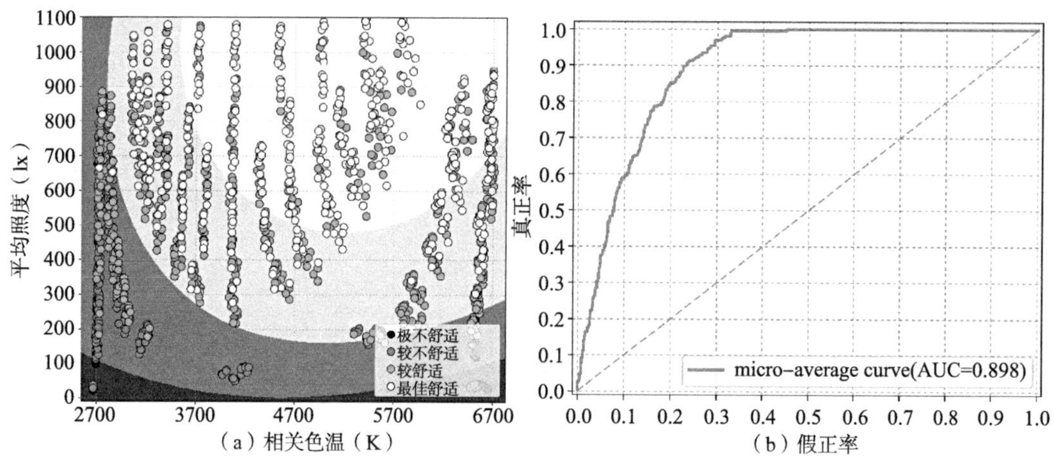

图5-17　桌面照明舒适度C-SVC模型及ROC曲线

桌面照明控制算法是桌面照度y和相关色温x的关系函数：

$$X=\frac{x-2700}{6700-2700}$$

$$Y=\frac{y}{1100}$$

$$Y=-132.3X^7+620.9X^6-1217X^5+1292X^4-802.9X^3+293.9X^2-59.82X+5.851$$

$$x\in[3550,6700] \tag{5-12}$$

根据图5-17可得出控制策略：

（1）淡黄色区域为最佳舒适区，适用于自习或阅读等对课桌面舒适度要求较高的场景。该模式要求桌面最低水平照度为480lx，即当照度低于480lx时，无论采用何种色温的光源均不能实现高舒适度；同时采用480lx照度值时，光源色温应为5000K，当以5000K为基准点提高或降低相关色温时，必须提高照度才能达到视觉舒适水平；但当$CCT<3700$K或$CCT>6500$K时，无论怎样提高照度也不能实现舒适要求。因此，在保证照明舒适度的基础上：当对教室的光源色温无特殊要求时，应采用480lx、5000K的照明参数组合对照明节能最为有利；当对教室的光源色温有特殊要求时，尽量不要采用低于4200K或高于6400K色温的光源，因为当色温低于4200K或高于6400K时，需要600lx以上的照度才能达到舒适水平，不利于照明节能；不应使用$CCT<3700$K或$CCT>6500$K的光源。

（2）黄色区域为可接受区，当上课等对课桌面舒适度要求不高时，可将设计参数降低到该区域以节约照明能耗。可接受区要求桌面最低水平照度为180lx，此时对应的光源色温为5000K，当以5000K为基准点提高或降低相关色温时，必须提高照度才能达到视觉舒适水平，且色温越低或越高，所对应的照度值越高。因此，在保证照明舒适度的基础上：当对教室的光源色温无特殊要求时，应采用180lx、5000K的照明参数组合对照明节能最为有利；当对教室的光源色温有特殊要求时，尽量不要采用低于3700K或高于6500K色温的光源，因为当色温低于3700K或高于6500K时，需要300lx以上的照度才能达到舒适水平，不利于照明节能，同时过低或过高的色温并不适用于教室这一工作场景。但是对于教室这种光环境质量要求较高的室内空间类型，为了保证95%以上的使用者达到视觉舒适，需要确保每个桌面的照度在200lx以上。这与此前大多数研究推荐的200～500lx的工作面照度基本一致。

5.4.3　投影面照明控制策略和控制算法

由于投影显示效果易受到环境光的干扰，所以简便易行的特征提取方式是投影显示质量评价模型建立的关键。本研究结合以往光环境质量评价研究中的重要结论，通过数据前处理工作提取出最重要的两个特征，即环境光相关色温、纯白投影与环境光的照度对比。

投影面照明控制算法是白色投影照度与环境照度差y和环境照明相关色温x的关系函数：

$$X = \frac{x-2700}{6700-2700}$$

$$Y = \frac{y-200}{800-200}$$

$$Y=-0.08808X^3+0.384X^2-0.3175X+0.8679$$

$$x \in [2700,6700] \tag{5-13}$$

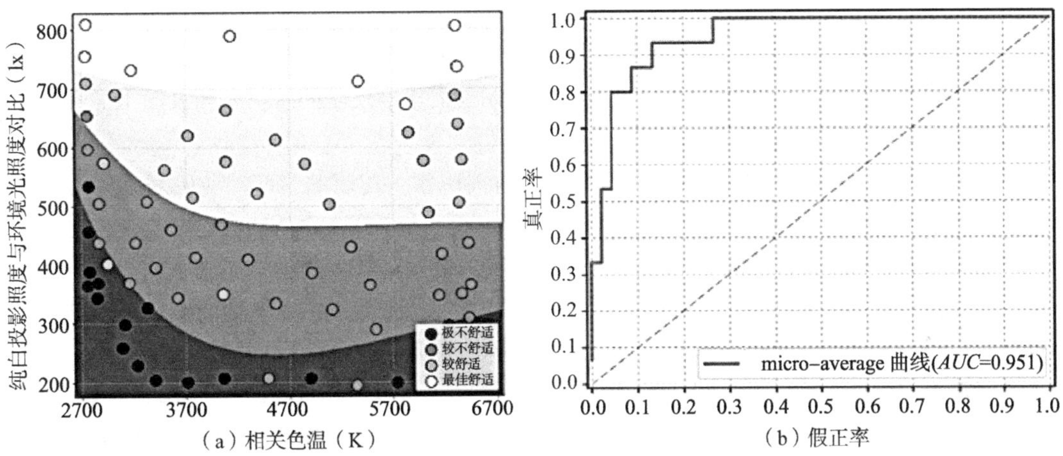

图5-18　投影面照明舒适度C-SVC模型及ROC曲线

根据图5-18可得出控制策略：

当投影屏幕的纯白投影照度远高于环境光照度（即通常认为的投影本身亮度远高于环境亮度）时，投影阅读的舒适度基本集中在“较舒适”和“最佳舒适”区间，此时环境光相关色温对于投影阅读的舒适度没有明显影响，这与平常投影教学过程中的认知十分相符；当投影屏幕的纯白投影照度与环境光照度的差值小于500lx时，投影阅读的舒适度基本集中在“较不舒适”和“极不舒适”区间，且环境光的相关色温对于投影阅读的舒适性也有比较明显的影响。因此，为了达到良好的投影显示效果，需要将投影屏幕的光参数实测值控制在图5-18中的“较舒适”和“最佳舒适”区间（相关色温以大于4200K为宜，投影幕纯白投影与环境光的照度对比应不低于480lx），同时结合桌面和黑板面的光环境要求，进行教室光环境的综合协调设计。

第 6 章　基于需求侧响应的能源调度技术

6.1　公共机构的用能需求特征

建筑的用能需求来源于建筑负荷，而建筑负荷又源于建筑使用者的直接和间接需求。具体来说，建筑的使用者对建筑用能的需求包括两个方面：一方面是由于使用者对设备、灯具等工作的需要消耗电力，即建筑的电负荷需求，将产生电力能耗，这部分能耗归属于建筑的直接能耗；另一方面是由于室内人员本身、设备使用和灯具使用等因素又在向室内散热，为了给使用者创造舒适的室内温度，需要将室内多余的散热量除去或向室内补充热量，从而产生了暖通空调能耗，这部分能耗是间接能耗，这些需要除去（补充）的热量即为建筑的冷（热）负荷。根据暖通空调系统形式的不同，冷热负荷可以转化为电负荷，也可以转化为其他能源形式的负荷，因此无论是直接与人相关的用能需求，还是间接与人相关的用能需求，实则都是对建筑负荷的探索。

能源和环境问题是影响社会可持续发展的重要因素，建筑的内部环境也是人们追求幸福生活的重要落脚点。现如今，随着人们的生活水平逐步提高、生活内容逐渐丰富，对建筑的需求也不再仅仅是规避恶劣的气候条件，而是提供愉悦的、舒适的、高效率的工作生活场所。因此，室内环境舒适性、健康性和建筑的功能性逐步成为人们对建筑的关注点。结合建筑的使用特点和人的需求进行建筑节能，一方面可以满足建筑的使用功能，另一方面也可以从能源需求产生的机理上挖掘建筑的节能潜力。

我国于1995年发布实施了第一部建筑节能标准（《民用建筑节能设计标准（采暖居住建筑部分）》现已废止），由此逐步走上了从北方到南方、从居建到公建、从城市到农村的节能之路。到“十二五”期末，在建筑节能设计、绿色建筑发展、既有建筑节能改造、可再生能源建筑应用等方面取得了显著效果。然而，在取得成效的同时，我国建筑节能工作也逐步步入了所谓的“瓶颈期”。首先，我国城镇新建建筑执行节能强制性标准的比例已经达到100%，部分单体建筑的节能设计已经达到被动房和零能耗建筑水平，单纯从新建建筑的节能设计角度看，提升建筑性能的空间受到了一定的局限。其次，建筑是城市的主体，随着城市的发展和功能的丰富，单一功能的建筑会增加人们日常生活的时间成本，造成交通拥堵等现象，因此单一功能的建筑已经不能满足现代社会的需要，具有多功能的社区、商圈等逐步建立，此时的建筑节能便不能单纯以单体建筑节能的思路进行，而应该扩展到区域乃至城市层面。总之，建筑节能的重点正在发生从设计到运行、从单体到区域的转变，在此形势下，探索新的建筑用能需求分析思路，发掘建筑使用过程中的节能潜力，才能够为当前建筑节能工作方式的转变提供理论和数据支持。

6.1.1　建筑单体用能需求特征

建筑单体是相对于建筑群而言的，建筑群中的每一栋建筑都可称为建筑单体。单体建筑的能耗与其功能和使用特征有着直接的关系，不同类型的单体建筑，其用能规律存在较大的差异。对于单体建筑的研究可以了解不同建筑的差异性，下面分别以小型办公建筑和大型综合办公建筑为例进行分析。

1. 小型办公建筑用能规律

办公建筑是指供机关、团体和企事业单位办理行政事务和从事各类业务活动的建筑物。随着经济和社会的发展，办公建筑带来的能耗逐渐成了我国建筑能耗的重要组成部分。

对多栋小型办公建筑的调研中发现，在办公建筑中人员的工作时间里，小型办公建筑内设备、照明和热水耗电量的波动不大且无明显差别，暖通空调系统的耗电量变化是造成小型办公建筑用能波动的主要原因。小型办公建筑中的暖通空调系统产生的能耗大约占到了总能耗的50%以上，而这部分能耗的主要满足的就是办公建筑中的人员对环境舒适性的需求。通过对冷、热负荷的准确了解，可帮助建筑的运行管理人员了解建筑用能需求，提高系统运行效率。

下面以武汉市的某小型办公建筑为例（图6–1）对其用能需求进行分析。

位于武汉市梁子湖区域的某小型办公建筑，总建筑面积1031.30m^2，一层主要功能为厨房、餐厅、接待、数据监控中心、会客及展示等功能，二层主要功能为办公室及两个休闲露台。

该建筑地处我国夏热冬冷地区，空调计算期为当年的6月15日~8月31日，供暖计算期为当年12月1日到次年2月28日。空调系统采用空气源热泵，空调末端形式为风机盘管，夏季室内设计温度26℃，制冷能效比*EER*值设定为3.0；冬季室内设计温度为18℃，制热*COP*值设定为2.1。建筑内设置自然通风，能有效降低夏季空调使用能耗，新风量为3ac/h。生活热水采用电热水器，热水器效率为0.85。

图6–1　武汉市某小型办公建筑

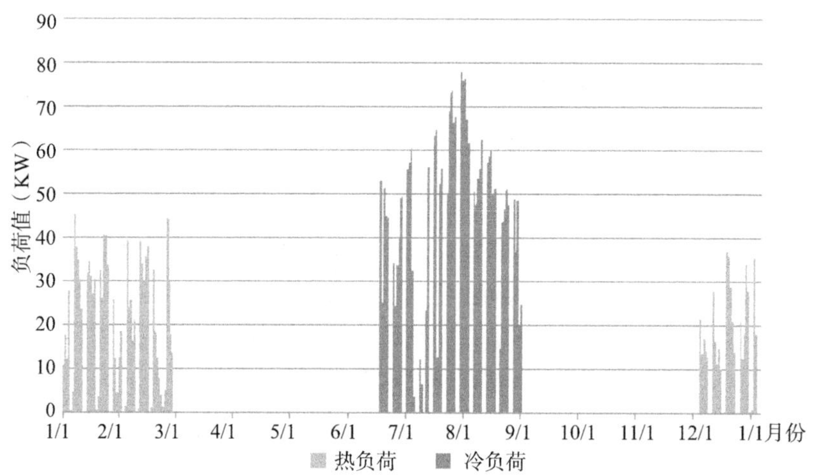

图6–2　武汉市某小型办公建筑的全年逐时冷热负荷

由图6–2所示，该建筑空调系统承担的极端冷负荷发生在7月29日的17:00这一时刻，最大冷负荷为77.84kW，全年累计冷负荷为19043.25kW，空调系统承担的极端热负荷发生在1月7日的6:00这一时刻，最大热负荷为45.28kW，全年累计热负荷为3652.86kW。

将该小型办公建筑的逐月耗电量与室外月平均温度进行对比分析，如图6–3所示。

由图6–3可知，该建筑逐月耗电量与室外温度有比较明显的相关性，夏季耗电量的峰值与室外温度的峰值相对应，冬季耗电量的峰值与室外温度谷值相对应，但制冷因素对建筑耗电量的影响相比制热工况大，在过渡季节虽然平均温度不同，但因未使用空调，建筑耗电量变化并不大。

由上述分析可知，室外气候参数为影响该建筑总耗电量的主要因素。

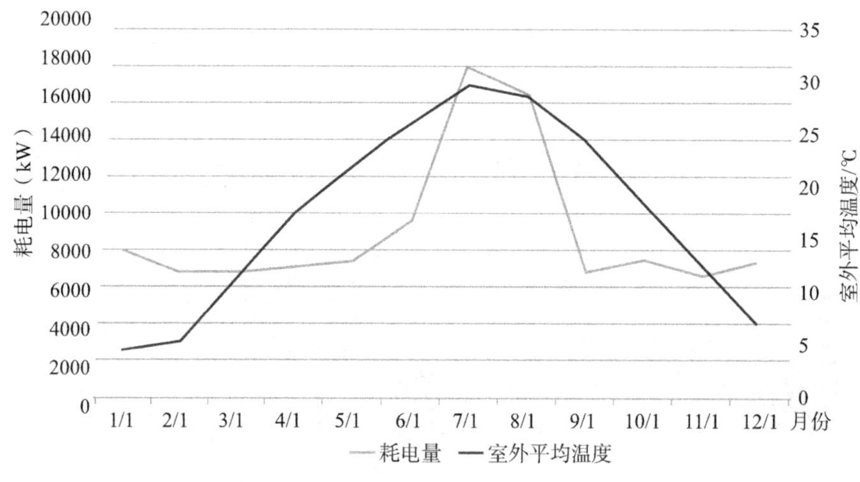

图6–3　逐月耗电量与室外平均温度对比图

参照建筑典型气象年逐月分项能耗，如图6–4所示。

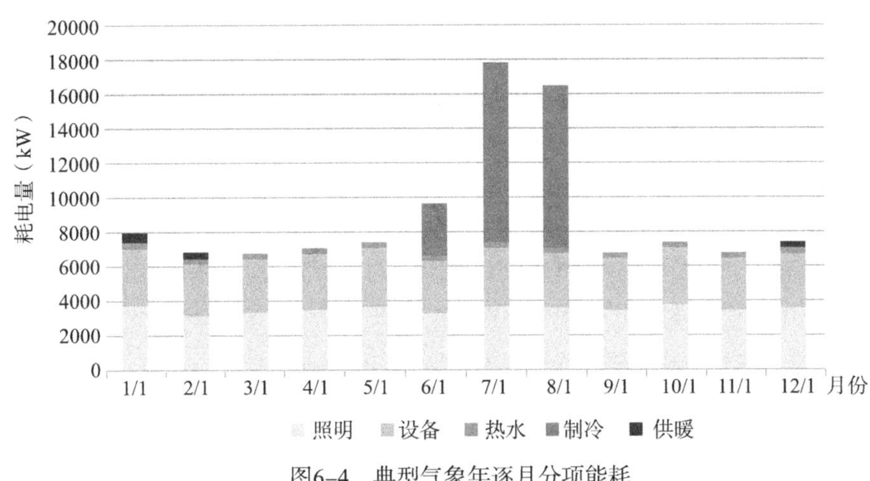

图6–4　典型气象年逐月分项能耗

由图6–4可知，该建筑各月的设备、照明和热水耗电量无明显差别，而空调耗电量是导致各月总耗电量不同的主要原因。

2. 大型综合办公建筑用能规律

大型综合办公建筑是一个以办公为主，兼有多种功能用途的建筑综合体，通常包含的功能有剧院或音乐厅、艺术博物展览、公共阅览等。随着人民生活水平以及对精神文明的需求越来越高，大型综合办公建筑作为传承地区文化、展示文明进程的主要载体，将发挥着日益重要的作用。而且，在大力倡导建设节约型社会的今天，大型综合办公建筑行业呈现总量提升、规模扩大、需求增加的发展势头，作为一类特殊性质的公共建筑，其建筑节能工作更为重要。

照明能耗和空调能耗是大型综合办公建筑工作时间里最主要的能耗组成部分。除展览和会议等不定时使用的区域外，以办公为主的功能区域的照明使用时长基本一致，因此照明能耗的波动不大。空调能耗随室外气候波动的增减同样是造成大型综合办公建筑总能耗变化的主要原因。因此，在注重照明的分区域控制以降低能耗外，提高HVAC系统的能效对于提高综合办公建筑的整体能效至关重要。

下面以位于天津市的某社区文化活动中心作为综合办公建筑的代表，如图6–5所示，进行用能需求的分析。

图6–5　天津市某社区文化活动中心

该综合办公建筑是一栋集办

公、娱乐、文化展示等功能于一体的综合型建筑，并配有地下车库及餐厅。本建筑地下1层，地上4层，建筑面积约8677m^2。办公工作时间大致是9:00 ~ 17:30。该建筑地下一层是机房、餐厅等，一层有办公室、多功能厅、儿童活动区等，二层有科技活动区、社区文化展区，三层有开敞式办公区、休息室、会议室等，四层是独立办公室、会议室等。

根据用能记录显示，该建筑6月至8月供冷，11月至次年3月供暖，其他月份为过渡季节。该建筑自2015年5月至2016年8月的逐月总用电量如图6–6所示。

该建筑供暖季耗电量433025kW·h；2015年供冷季耗电量为74227kW·h，2016年供冷季耗电量为93065kW·h，平均为83646kW·h；2015年过渡季节耗电量为44813kW·h，2016年过渡季节耗电量为43237kW·h，平均为44025kW·h。供暖季耗电量显著大于供冷季和过渡季，较供冷季和过渡季分别高出349379kW·h和389000kW·h，供冷季耗电量又比过渡季高出39621kW·h。耗电量最高为2016年1月，为106395kW·h，耗电量最低为2015年9月，为17464kW·h。

该建筑中用电需求作为最大的能耗来源，大致可分为4个分项，包括照明插座用电、空调用电、动力用电和其他用电。该建筑的逐月各项耗电量及其变化趋势如图6–7所示。

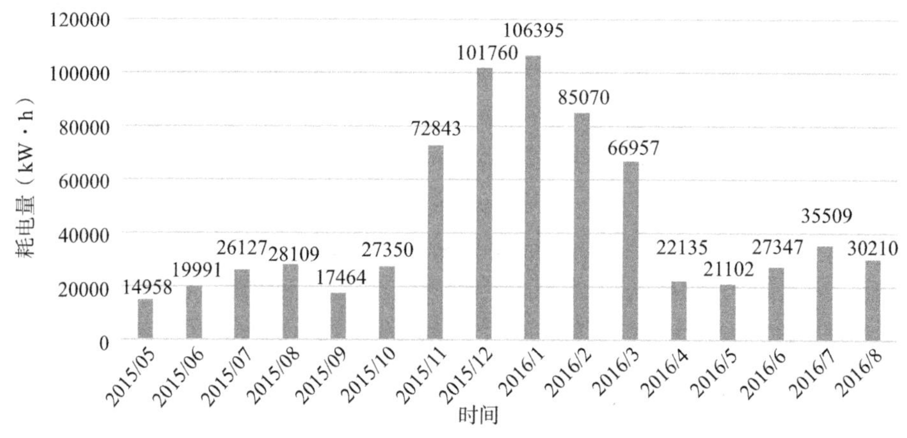

图6–6　案例建筑的逐月用用电量

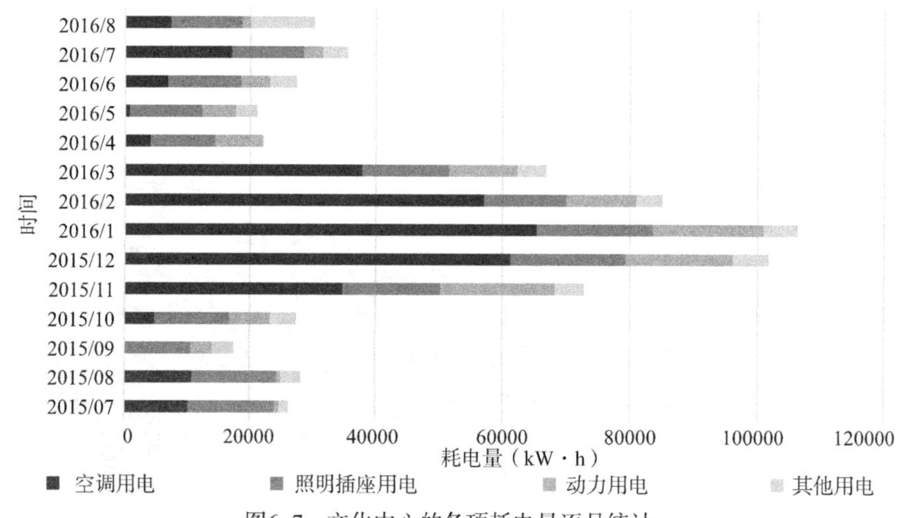

图6–7　文化中心的各项耗电量逐月统计

由图6–7可知，文化中心内的空调用电全年变化非常大，供暖季和供冷季空调用电占当月总用电比例很大。该建筑过渡季空调用电最小，因为该时段制冷供暖需求最低；制冷季工作时间会开启冷水机组，因此空调用电较过渡季大；供暖季机组为24h运行，空调用电显著大于制冷季。供暖季、供冷季和过渡季各月空调用电的均值分别为51312kW · h、10550kW · h和2481kW · h，供暖季空调用电较供冷季和过渡季分别高40762kW · h和48831kW · h。逐月照明插座用电较空调用电稳定，但同时也发现供暖季的照明用电大于供冷季，而供冷季又较过渡季大，供暖季、供冷季和过渡季照明插座用电的均值分别为15629kW · h、12255kW · h和11098kW · h，供暖季照明插座用电分别较供冷季和过渡季高出3374kW · h和4531kW · h。照明插座用电中包含风机盘管用电，而由对图6–7的分析，风机盘管在供暖季、供冷季和过渡季的使用需求分别是全天24h使用、仅在工作时间使用和几乎不使用，因此全年照明插座用电有此变化趋势。

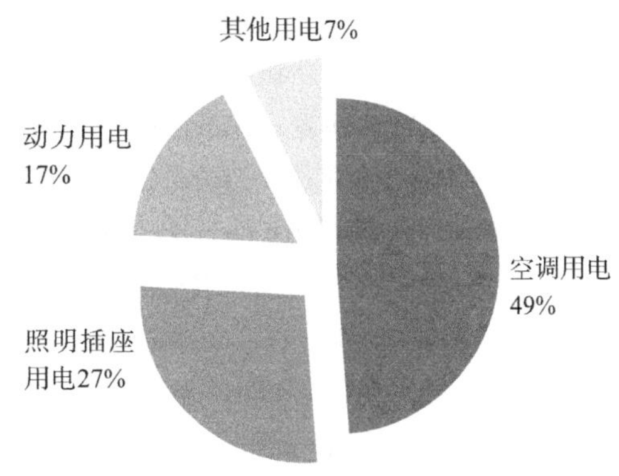

图6–8　文化中心各分项能耗占比

该建筑空调系统用电供暖季高于供冷季，这是因为机组在供暖季为24h运行，供冷季时仅在工作时间运行，供冷季和供暖季各月的空调用电量占当月总耗电量的比例很大，供暖季尤其显著。

文化中心的各项耗电占比统计如图6–8所示。

如图6–8所示，文化中心的主要能耗为照明插座用电和空调用电，其中照明插座用电占总耗电量的37%，空调用电占总耗电量的 49%，其他两项用电占比较小。可以看出，大型综合办公建筑类建筑中电耗占比较大两项是空调能耗和照明插座，对于该类建筑的节能设计以及运行应解决这两方面的问题。

6.1.2　建筑群用能规律

建筑群是一定区域内具有相同或互补使用性质的多栋建筑物的总和。在实际中，我们通常把不同类型和功能的公共建筑所组成的区域称为建筑群，具有代表性的公共建筑群有医院院区、高校校园等。

建筑群内存在多种类型的单体建筑，由于单体建筑在功能上的差异性导致建筑群的用能特征与单体建筑有明显的差别，具有削峰、减波等新特点。对于建筑群来说，单体建筑能耗不但影响了其建筑群的总体状况，而且在不同的单体之间还存在着相互影响的关系。而与单体建筑相比，建筑群的供冷供暖系统更为复杂，投资更大，耗能更高。在下面的节中分别讨论了医院建筑群和学校建筑群的用能规律。

1. 医院建筑群用能规律

医院建筑是指供医疗、护理病人之用的公共建筑。医疗部分包括门诊部、住院部、急诊部、重点治疗护理单元、手术部、放射科、理疗科、药房、中心消毒供应部、检验科、机能诊断室和血库。在有教学要求的医院，还设有科学研究和临床教学用房。

目前，医疗技术不断进步，诊疗设备不断更新，医院建筑的功能在不断完善。随着医疗需求的增加、疾病流行和变异、医疗技术的革新，对医疗机构和医疗建筑实施人性化设计，医院建筑的可变性和适应性也在不断增强，可为病患提供更为健康、舒适的就诊与医疗环境。良好的就诊环境、先进的医疗技术与诊疗设备，在一定程度上满足了人们日益提高的健康意识和就医环境需求的同时，也导致了医院建筑能耗逐年升高。医院的建设标准也在相应提高（床均建筑面积扩大，新的功能科室增多，就医环境和工作环境人性化，舒适性提高），在医院建设费用提高的同时，医院建筑的能耗也不断上升。医院建筑也逐渐成了能耗最大的公共建筑类型之一，医院的建筑能耗达到了其他公共建筑能耗的2倍，其能耗费用支出占总运行费用的10%以上。医院建筑功能的特殊性和能耗高的实际情况，已引起多方面的关注。近年来，国内外大量的学者围绕医院建筑节能问题进行了相关研究，其中对医院用能模式的探索被认为是开展医院建筑节能工作的基础。

医院建筑具有功能多、要求高、供暖和空调系统使用时间长等特点，因此相较于普通建筑群，医院的建筑能耗更高。医院建筑能耗影响因素较多，在之前的研究中发现：医院供暖能耗总量和供冷能耗总量的显著性影响因素均为建筑面积，其次为总收入。

下面以位于长沙市的某医院为例进行分析。

长沙某医院，包括门急诊楼、住院楼、保健中心和胸科中心四栋建筑。建筑总面积为90400m^2，其中门急诊楼、住院楼、保健中心、胸口中心以及办公楼的建筑面积分别为35669m^2、29658m^2、10500m^2、8442m^{2}和6171m^2。医院所有建筑都建于实施节能设计规范之前，未做保温隔热措施，外窗为铝合金窗框的单层玻璃窗，大门为平开玻璃门。对一年内各栋建筑进行能耗分析可得：

1）门急诊楼

门急诊楼用能包括电和天然气，全年能耗密度为73.3kWh/（m^2·a），其中空调能耗比重最大，为总能耗的39%，其次是医疗设备的能耗，为总能耗的21%，也是总能耗的重要组成部分，另外照明占总能耗的12%。在空调能耗中占比例最大的是空调主机，门急诊楼空调主机和空调水泵能耗差不多，分别为空调总能耗的39%和38%，是空调能耗的重要组成部分，另外空调末端和冷却塔的能耗分别为空调总能耗的22%和1%（图6–9）。

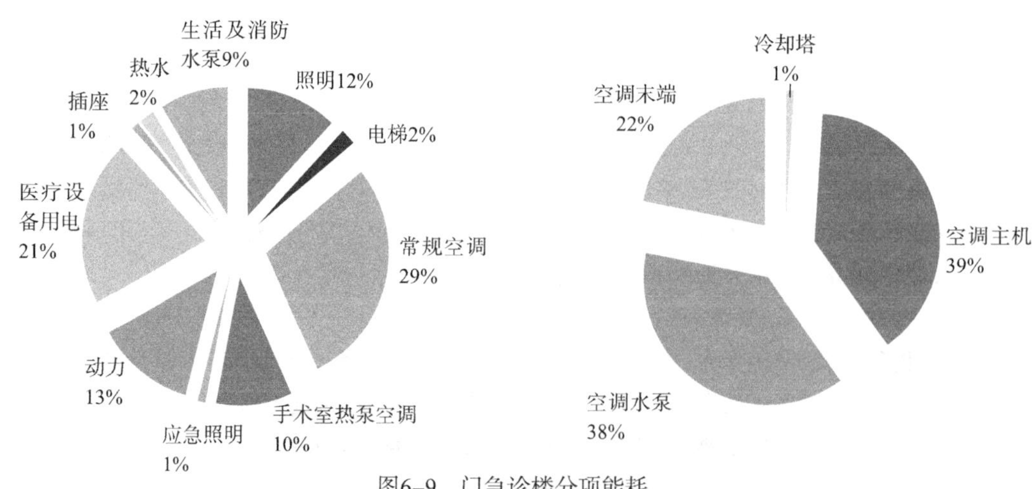

图6–9　门急诊楼分项能耗

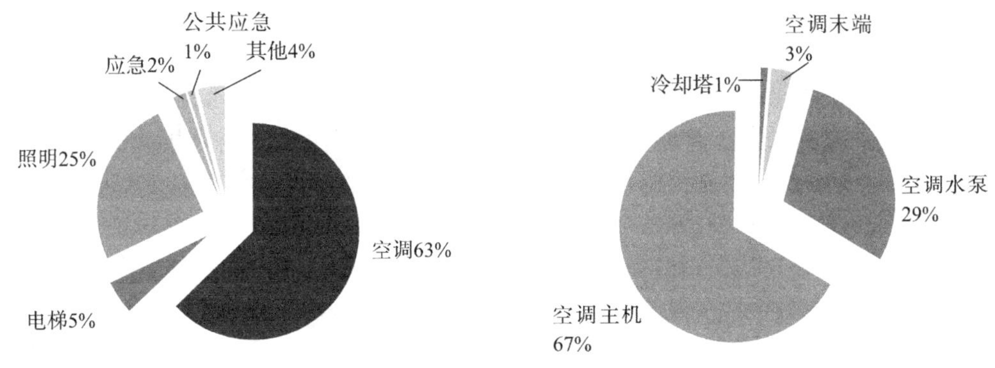

图6–10　住院楼分项能耗

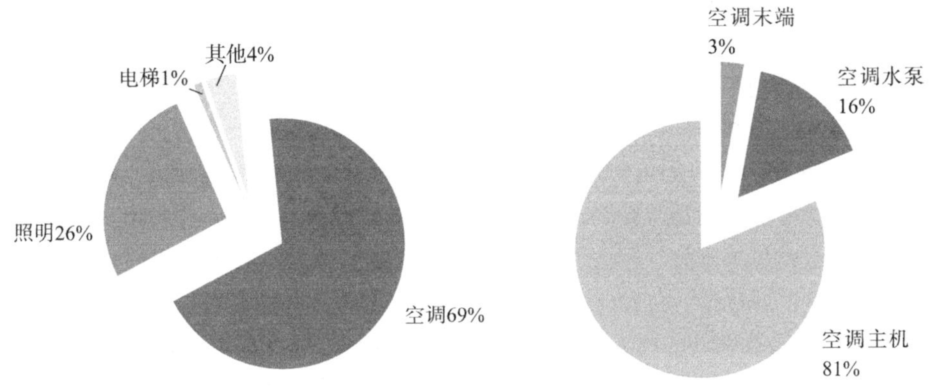

图6–11　保健中心分项能耗

2）住院楼

住院楼用能包括电和天然气，全年能耗密度为117.73kWh/（m^2・a），其中空调能耗比重最大，为总能耗的63%，其次是照明能耗，为总能耗的25%。在空调能耗中占比例最大的是主机，住院楼空调主机能耗为空调系统总能耗的67%，在空调总能耗中占有主导地位，其次是空调水泵能耗，为空调总能耗的29%，也是住院楼能耗的重要组成部分（图6–10）。

3）保健中心

保健中心用能包括电和柴油，全年能耗密度为155.86kWh/（m^2・a），其中空调能耗比重最大，为总能耗的69%，其次是照明能耗，为总能耗的 26%。在空调能耗中占比例最大的是主机，保健中心空调主机能耗为空调系统总能耗的81%，在空调系统总能耗中占有主导地位，其次是空调水泵能耗，为空调系统总能耗的16%，也是保健中心能耗的重要组成部分（图6–11）。

4）胸科中心

胸科中心用能包括电和天然气，全年能耗密度为152kWh/（m^2・a），其中空调能耗比重最大，为总能耗的50%，其次是照明能耗，为总能耗的 36%（图6–12）。

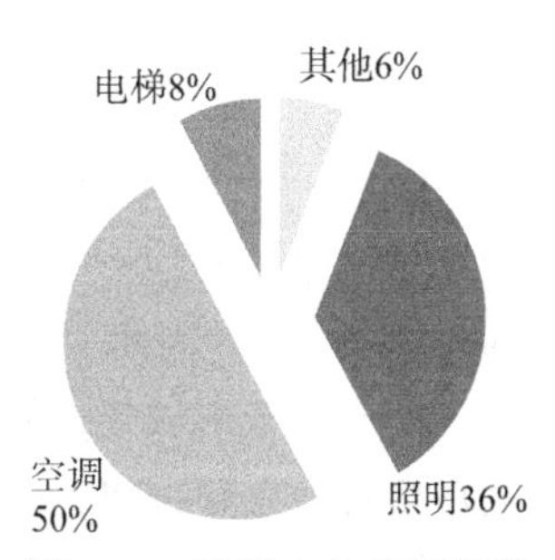

图6–12　胸科中心分项能耗

由图6–9～图6–12可以看出，门急诊楼、住院楼、保健中心和胸科中心的全年能耗密度分别为73.3kWh/（m^2·a）、117.73kWh/（m^2·a）、155.86kWh/（m^2·a）和152kWh/（m^2·a），其中门急诊楼全年能耗密度最小，保健中心和胸科中心的全年能耗密度较大；门急诊楼、住院楼和胸科中心的用能包括电和天然气，门急诊楼和住院楼主要用能为电，占总能耗的90%和55%左右，胸科中心主要用能为天然气，占总能耗的60%以上，保健中心用能包括电、天然气和柴油，主要用能为电，占总能耗的60%以上。

门急诊楼总能耗的主要组成部分为空调能耗和医疗设备能耗，分别占总能耗的39%和21%，住院楼、保健中心和胸科中心总能耗的主要组成部分都为空调能耗和照明能耗，占总能耗的比例分别为63%和25%、69%和26%、50%和36%。

门急诊楼、住院楼和保健中心空调能耗的主要组成部分为空调主机和空调水泵，占空调能耗的比例分别为39%和38%、67%和29%、81%和16%。医院中不同功能的建筑其耗能种类不同，由于人员以及各种设备不同造成。但是以上四种空调设备能耗和照明能耗均占据了较大的比例，体现了以电力能源为主的特点。

2．学校建筑群用能规律

学校建筑是人们为了达到特定的教育目的而兴建的教育活动场所，其品质的优劣直接影响到学校教育活动的正常开展，关系到学校人才培养的质量，同时它作为载体还是一个社会的教育思想与价值观念、经济与文化面貌等的具体体现者，因此，学校建筑的重要性不言而喻。

校园是一类特殊的区域，具有使用人数多、使用时间规律性比较强的特点，由于该区域内同时有办公、科研、休息居住、体育娱乐等活动，且校园区域与外界相对独立，建筑类型全面多样，此外由于人员聚集度高导致某时段某类型建筑用能强度远大于其他类型建筑等原因，高等学校建筑的整体能耗高于其他区域类型的建筑。

建筑用能的主体是其使用人员，校园的用能特点正是由于该区域内建筑使用人的活动带来的。但在常规的能源规划和管理中，并未将使用人的行为和由行为带来的需求变化考虑在内，又由于该区域的各建筑使用性质和使用时间有所不同，原有的节能潜力并未被挖掘。甚至因此，在高校区域内人行为对建筑能耗的影响更为显著。

从设计的角度，将能源系统与人行为产生的能耗需求进行合理搭配，可以降低系统设计容量，减少系统“大马拉小车”的情况，对于提高设计效率和减少初投资具有重要意义；从运行的角度，根据人行为按需分配能源供给，可以使能源系统更长时间保持在较满负荷运行的状态，提高系统运行效率。

由于对建筑人员需求信息获取困难或掌握不准确，往往会导致能源系统在设计时出现装机功率大、使用效率低的问题。因此，在能源系统的设计和运行时，在以建筑信息为根据的基础上，应加入使用人的信息，重视人员对建筑的使用规律，从而实现对能源需求的准确计算和管理。在实际能源系统的运行管理中，室内设备、照明、采暖空调系统均受到使用人的控制或影响，因此掌握使用人的行为模式，也是能源系统运行管理的重要依据。

由于高校区域建筑的自封闭性是其区别于其他单体建筑和区域的主要特点，因此应尽量在相对独立和封闭的范围内研究人行为，但高校仍然是一个较大的区域，包含建筑数量大，使用人数多，实现监测的全面覆盖是非常困难的。因此，梳理典型建筑的用能特点与影响因素，找到不同建筑耦合的关键因素，及区域内建筑用能需求耦合与单体建筑能耗简单累加的不同之处，是分析建筑群用能规律的关键。

在进行建筑用能负荷计算前，需要确定基础功率和可变功率的描写，其中可变功率需要以人数为基础。通过人员、建筑两个层面的计算，得到建筑的用能需求，当多个建筑耦合时，会呈现不同于单体建筑的用能需求规律。因此，采用时序的方式呈现各建筑的用能需求，时序耦合可以得到多建筑的用能需求。这种时序的用能需求不同于峰值叠加，若多建筑的用能需求经过合理的时序搭配，对于节能具有重要意义。在实际运行中，校园建筑的用能规律多反映为建筑的用电规律。多个建筑的用电通常不是单独监测的，而是由一个变电站统一供给时测量的，因此得到多建筑耦合时的用电需求，可以为由多建筑组成的片区的用电管理提供依据。

下面以位于我国北方的某高校校园为例，对学校建筑的用能情况进行分析。

（1）从总能耗上来看，校园能耗在学期内和假期呈现数量上的主要区别，假期电量是学期内电量的30%～50%。在学期内，秋冬学期比春夏学期的电量普遍偏高，这主要是由于照明能耗偏高引起的。学期末电耗比学期初和学期中的电耗略高，这是由于学生备考，各建筑的用能人数、强度和时长均增加。

（2）从分项能耗来看，除宿舍楼外，各建筑均以照明插座为主，其次是空调动力能耗，且这两个用电分项随学期的分布与总能耗的分布相同，其他分项能耗基本不变。空调动力能耗主要指的是风机盘管耗电，非供暖空调季出现全年中最小值0。但照明插座最小能耗不是0，说明照明插座中有一部分能耗是全年都要消耗的。

（3）宿舍楼的动力能耗非常高，这是由于学生在宿舍楼对于洗浴的需求明显高于其他类型的建筑，且能耗和水耗均在夏季明显增加，说明动力能耗与水耗直接相关。

此外，以月为周期的能耗展示，会掩盖每个月使用天数不同的原因。事实上，2月份和7月份能耗偏低的直接原因是使用时间短，若以每天来展示电耗，在2月和7月正常使用时间的能耗仍然低于平时使用能耗，但此差距不如以月为单位统计的电耗差距大，说明此两个月份的逐日能耗差距主要来源于使用人数。

通过上述实测数据的直接分析，各类型的建筑在不同的时间段均存在一定的能源消耗，且该电耗在各类建筑中基本相同，通常被称之为基础能耗；而各建筑配置的用能设备不同，照明插座电耗不同，由此导致建筑的整体能耗呈现区别，故此类能耗称为可变能耗。最终将建筑能耗以“基础能耗+可变能耗”的方式描写。

从全年的分项能耗可以看出，建筑电耗可以分为基础电耗和可变电耗，采用“基础+可变”的方式进行分析。各建筑的基础电耗包括应急照明、其他动力、服务、安全四个分项，每个分项电耗在对应建筑中基本是全天不变的，而可变电耗主要指的是插座、普通照明和空调动力，是根据实际需求或控制而变化的，其中，插座能耗完全是由于人员需求而产生的，普通照明和空调动力能耗在不同建筑中的控制模式不同，因而各个建筑的变化规律也不同。

对该校园建筑测试数据统计发现，标准工况下的电负荷是分段的，而不是定值，且正常使用时段的平均功率强度为7～12W/m^2。对比逐月耗电量，发现办公楼的标准工况耗电量与实测数据比较接近，但由于办公楼晚上正常使用，所以白天的功率计算偏高，教学楼和图书馆的标准工况电耗远高于实测能耗，说明电器的使用率远低于标准工况。

事实上，对应时刻的可变电耗在每天均不同，一方面，人员用能习惯不同，当多人聚集时，会产生不同的用能表现；另一方面，即便建筑使用人的用能习惯和表现均相同，建筑内用电的人数也是实时变化的。因而单纯从功率数据上不能科学的定量刻画时序波动，需与建筑人员用能行为相联系，从而找到建筑用电变化的原因。

6.1.3 建筑耦合能耗

1. 建筑耦合能耗的特点

由于影响建筑内部能耗的因素较为复杂，如围护结构的内部构成的不均匀性和热物性参数的随温湿度变化的差异性等因素，导致建筑的负荷计算中存在着复杂的耦合关系和不确定性。同时由于不同建筑之间的相互影响和作用，区域负荷间也存在削峰填谷等耦合关系。这也导致了能耗模拟软件计算时存在偏差和计算结果的不确定性和不精确性。为了尽量减弱各种复杂的关系和未知因素对负荷计算结果的影响，国内外的学者对此进行了大量的研究，也取得了丰硕的成果。但是由于建筑能耗计算是一个复杂的过程，能耗模拟不可能完全复原真实情况，因此只要满足一定的精度要求，计算结果就可以被认可，所以在能耗计算中，通常会进行一定的简化和假设。建筑用电需求与人的活动密切相关。特别是在现代化建筑中，某些地区的建筑电量消耗占到了建筑总能耗的70%以上。因此，建筑中人行为的研究对于合理预测建筑负荷具有重大意义。

2. 建筑能耗计算中的人行为

研究表明，随着人数的增加，建筑电负荷的增长存在极限，在极限点前，建筑电负荷随人数的增加而增加，人数增加至极限点后，建筑电负荷可能不再增加。在极限点前，建筑能耗随人数以指数、对数或线性关系增加，说明人对不同分项能耗的影响不同。原因是人在不同建筑中、采用不同类型的电器，其控制的主动性不同。因此，人行为就是建筑中的一类典型的复杂因素，人行为参数在能耗模拟计算中的设置有三种方式。

第一类也是比较简单的一类是固定时间表。这类时间表是按经验给出的，在一段时间内，通常采用某一确定的时间表。这种只取平均数值或经验数据的设置比较粗略，忽略了实际中各种情况的灵活变化。这是由于大部分情况下，室内的使用情况并不容易获取，设计人员或管理人员并不能给出合理的设定值。

第二类是采用建筑仿真模拟软件推荐的时间表。因此在常用的能耗模拟软件中，根据建筑类型和房间使用性质的不同，对于人员、照明、设备等都有推荐的时间表。例如在Design Builder模拟软件中，办公建筑工作日采用一定的人员密度、照明功率密度和设备功率密度等时间表设置，周末、节假日的人员在室率和照明使用率的设置全部为0。一些模拟软件正在逐步更新和丰富给定的时间表库，例如DeST中，除人员、照明和设备外，还对遮阳和外窗做了作息设定，将外窗在每年的16周～42周的6:00-8:00的使用率设定为100%，其余时间为0。各软件对于内扰的设置有所不同，这给模拟软件的使用者带来了困扰，而且无论哪一种时间表，都不能准确反映建筑的实际使用情况，这种固定时间表的设置方式通常是模拟计算结果和实际数据存在差异的主要原因。以上仅以DeST和Design Builder为例说明问题，其他软件，如eQuest、Trnsys等，也存在类似的情况。

第三类人行为参数的设置方式为数学模型计算的方法。基于前两类方法中存在的问题，学者们开始探讨人行为与建筑能耗模拟计算耦合的更好方式。目前主要有两种方式，具体来说：

一是数学模型与能耗模拟软件的耦合，这种方式基于研究得到的人行为数学模型，将其和建筑的能耗模拟计算进行耦合，向软件输入时间表格式的人行为计算结果。然而此种方式要求能够进入并修改软件的计算内核，通常只有开发者才有此权限，因而使用很少。其他学者受制于研究条件，大多采用集成平台的形式，将建立的人行为模型和已有的建筑能耗模拟软件相结合。

二是数值模拟预测法。数值模拟预测是指从工程实际中抽取物理模型，用数值模拟技术解决相关问题，通常借助计算机程序，建立一套计算流程或算法，使其能够进行多种输入的数值联动计算，根据得出的人行为变化对建筑能耗的影响指导建筑设计参数的设置。

人行为本身是一个复杂问题，其与建筑能耗的耦合则更加复杂，学者们致力于将人行为描写与建筑能耗模型中无缝对接，无论采用软件平台耦合还是数值模拟方法，都尚处于初级阶段，研究手段多样，并没有成熟的模式可应用，且大多方法推广应用非常困难。软件耦合通常需要获取软件资源或接口，有时甚至需要将其开源，这对于一些软件来说可能是困难的，而目前向模拟软件输入人员等信息的最便捷的方法是时间表。相对上述模拟软件和人行为描写耦合的机制，数值模拟的方法则相对比较容易实施。

6.2 建筑负荷预测

随着经济和社会的发展，人们对于办公和居住的建筑的室内环境的要求程度越来越高，与此同时也带来了建筑能耗的逐年攀升。据相关机构的调查研究显示，在建筑物所消耗的能源中，约有50%的能源被暖通空调系统所消耗以维持人们所要求的室内热湿环境。因此，选择合理的空调系统对于运行节能和维持良好的建筑环境具有重要意义。为了对空调系统进行合理的设计与选择，使空调系统始终能够合理健康的运行，避免出现“小马拉大车”而导致的室内热湿环境失调或出现“大马拉小车”而造成的初投资过高和运行阶段的资源浪费等问题，就需要对建筑的负荷进行预测。

负荷预测是指在建筑运行阶段，对维持建筑内部环境处在稳定热湿平衡情况下所需的负荷进行短期或长期预测，以选择合理的空调系统，制定合理的空调运行策略，进而优化空调系统的控制服务，从而保证空调房间的舒适性和空调运行的节能性。

负荷预测兴起于20世纪80年代，随着社会发展的进程以及空调工程和计算机系统的进步与成熟，负荷预测的应用场景愈发广泛，发展前景愈发光明。随着建筑能耗的逐年增高，节能减排的形势愈发严峻，这也促进了负荷预测的发展以适应新形势下的节能要求。因此，运用合理的负荷预测技术以得到准确的负荷预测结果对于降低建筑能耗，提高空调系统的运行管理水平具有重要的意义。

6.2.1 基于进行阶段不同的负荷预测方法分类

根据负荷预测进行阶段的不同，负荷预测可分为设计阶段的负荷预测和运行阶段的负荷预测。

设计阶段的负荷预测以选择合理的空调系统方案为目的，以求达到合理选择空调设备和系统管路布置，从而在降低建筑运行能耗的同时提升室内舒适度，保证空调系统的经济合理运行。在预测时，通常室外参数取值为当地的典型气象年的气候参数，室内参数取有关规范要求的温湿度等参数，计算出的负荷常称为“设计负荷”。设计阶段的负荷预测参数通常参考建筑的具体设计参数，因而考虑较为周全。同时为了合理选择空调系统的装机容量，避免装机容量过大或者过小而影响到空调系统的经济合理运行，因此负荷预测多为中长期且精度要求较高。

运行阶段的负荷预测以优化空调系统的控制策略为目的，根据当前时刻空调负荷的分布，合理地调整空调系统的运行管理策略，在保证室内人员舒适度的前提下提升空调系统的经济合理运行水平。由于空调运行阶段的负荷变化更为复杂，且由于室外条件变化和空调系统本身的影响，往往在运行管理中存在着滞后和难以匹配的情况。运行阶段的负荷预测是为了安排下一个时间段的空调运行策略，如一小时、两小时或者一天，因此预测多为短期预测。为了空调系统能够健康、经济合理的运行，要求其预测具有比设计阶段的负荷预测更高的精度。

6.2.2 基于预测区域大小的负荷预测方法分类

根据负荷预测区域的大小，负荷预测又可分为对单体建筑的负荷预测和对区域建筑群的负荷预测。

对单体建筑的负荷预测方法在国际上的应用已经较为成熟，主要有基于历史数据的外推法和数值模拟预测法。

对区域建筑群的负荷预测方法仍在发展和讨论中，常用的负荷预测方法有单位面积指标法、基于历史数据的外推法、数值模拟预测法以及其他方法。

常用的单位面积指标法是根据负荷计算面积和当地室外气象参数以及室内要求的参数确定单位面积负荷，从而估算出单体建筑的负荷，然后把区域内各单体建筑负荷简单相加，再乘以该区域内建筑的同时使用系数从而得出该区域建筑群的总负荷。该估算方法是一种静态估算法，由于区域内建筑同时受到同种因素影响的作用较小，且根据研究发现，建筑朝向，建筑物的体形系数等因素都会影响到建筑的负荷变化，因此使用此种方法估算出来的负荷必然偏大，从而将会影响到空调系统的选择、调试和运行，不利于空调系统的运行节能。

基于历史数据的外推法可分为回归分析法、时间序列分析法和人工智能法。

回归分析法在本书“3.2.2 供暖量预测方法”中已有解读，在此不再赘述。

时间序列分析法把负荷数据看作一个按季节、按周、按天及按小时周期性变化的时间序列，将实际负荷和预测符合之间的差值看作一个平稳地随机系列进行分析和处理。常用的时间序列分析模型有自回归模型（AR模型）、移动平均模型（MA模型）、自回归移动平均模型（ARMA模型）、自回归求和移动平均模型（ARIMA模型）和季节模型（Seasonal模型）五种类型。时间序列分析法所需数据少，计算速度快，工作量少，但建模过程较为复杂。通常应用于电力系统中，近年来逐渐应用于建筑负荷预测领域，在部分场景下表现出了较为优秀的预测能力。

人工智能法可分为人工神经网络（ANN）、支持向量机（SVM）和灰色理论预测（grey theory）等方法。上文已对这些理论进行了介绍，在此不再赘述。

数值模拟预测法可划分为传统数值模拟模型预测和建立经典建筑模型预测。随着计算机科学技术的发展，运用高效的计算机进行数据处理和数值模拟计算能够在很大程度上提高数值模拟技术的效率。与此同时，随着能耗模拟软件的快速发展，运用能耗模拟软件建立各类建筑的典型建筑模型（prototypical building model），即那些能够反映建筑的建筑形态、规模、围护结构构成、建筑内外环境的代表性建筑模型，利用能耗模拟软件对此类建筑进行负荷模拟，在得到各类建筑负荷曲线的情况下便能得到该区域建筑的整体负荷情况。

其他方法包含有情景分析法、虚拟特征建筑法、数据统计分析法、负荷因子法等。

情景分析方法通过设定多种情景，并列出建筑的使用时间表，通过模拟软件分析建筑在不同时刻不同情景下的负荷变化，进而确定区域的整体负荷。此方法需设定多种不同情景且需借助能耗模拟软件的分析计算，增加了使用的复杂程度，且目前涉及建筑内部负荷的量化问题难于解决，使用频度有限。

虚拟特征建筑法通过假设建筑物的形体特征，建筑材料等诸多因素，将区域内的建筑整合成为只有内外扰动的特征建筑，通过能耗模拟软件的分析计算，求出特征建筑的负荷，进而预测实际建筑的负荷情况。该方法由于进行了大量的假设且借助模拟软件，计算复杂且繁复，预测精度也不够高。

数据统计分析法通过对建筑逐日逐月甚至逐年的负荷变化情况进行收集和统计，进而对同类型区域建筑的负荷进行预测。该方法需收集的数据量巨大，但其分析结果表达直观，简便易懂，往往用于设计师在设计时对区域负荷的预估，对后期的精确负荷预测具有一定的指导意义。

负荷因子法的建立基于三种假设的基础之上：围护结构负荷与室内外焓差呈线性关系；新风负荷与室内外空气焓差呈线性关系；内扰负荷与室外气象条件无关。首先依据冷负荷系数法推导出各种建筑的围护结构逐时冷负荷指标；然后分别建立建筑围护结构、新风、人员、照明及设备的逐时冷负荷预测模型，得出各分项的负荷因子；最后利用各分项负荷指标乘以相应的负荷因子逐时叠加获得总的建筑空调负荷。该方法实用性强，只需改变少量参数便能适用于不同建筑，但是建筑的负荷因子尚难以确定，预测精度也不够高，需要进一步的发展改进。

以情景分析法为例，针对某校园建筑群，具体展示情景分析方法的实现步骤如下。

假设区域内有n座建筑，选取第m座建筑（$m=1,2,\cdots,n$）作为研究对象，气候条件情景设为A_i（$i=1,2,3$），选取某k时刻点，在A_i情境下k时刻，可以确定m建筑的室内负荷密度情况，假设情景B_j时（$j=1,2,3$）可以借助数学公式形式表达区域建筑情景设置：

$$L: \sum_{m=1}^{n} f_{mk}\left(A_i, B_j, k\right) \tag{6-1}$$

L表示建筑的情景设置；f_{mk}表示第m座建筑k时间点的情景设置；求和表示所有单体建筑的情景组合构成总体情景。

$$L_k = \sum_{m=1}^{n} L_{mk} \tag{6-2}$$

区域建筑总冷负荷L_k可以通过对单体建筑的冷负荷求和得出。建筑负荷的构成分为外扰和内扰，计算公式见：

$$Q_{\mathrm{HL}} = Q - Q_{\mathrm{eq}} - Q_{\mathrm{p}} - Q_{\mathrm{l}} \tag{6-3}$$

热负荷主要由室内外温差产生，由于室内人员的活动产热，会抵消一部分负荷。

首先对外扰的情景进行讨论，可设置为A_1、A_2、A_3三种情景：A_1对应的是初寒期和末寒期时的气象条件；A_2是针对严寒期的情景进行考虑；A_3情景代表的是当地的极端天气。同时建筑运行状态与室内负荷紧密相关，主要由室内人员和设备运行产生，情景可以设置为B_1、B_2、B_3三种情景：B_1针对工作时段，人员按设计状态下的满员考虑，运行设备全部开启；B_2室内部分人员在室，运行设备部分开启；B_3无人员在室，运行设备开启率较低。

由于缺乏精确的气象数据，同时在建筑实际运行过程中，为了保证建筑正常的功能。室内温度不可能进行大幅度的变化调整。为了解决这一问题，利用了Arnsys建立建筑负荷模型，采用以下假设：

建筑使用情况通过情景分析法，设置为表 6-1和表6-2中的数值。

气象数据取自天津市典型气象年。

外扰情景分析 表6-1

情景	含义
A_1	表示室外空气温度几乎等于加热要求的早期和晚期寒冷时期的气象条件
A_2	表示正常的供冷期，通常是一年中最冷的月份的室外日温度
A_3	表示当室外空气温度几乎达到供暖系统的设计条件时的严寒期

内扰情景分析 表6-2

情景	含义
B_1	表示工作时间并考虑最大人员在室率。此外，假设所有可用的耗能设备都在运行
B_2	表示建筑物中的部分人员在室和一些运行设备开启
B_3	表示没有人员和设备的超低功耗（处于待机状态的设备仍然消耗能量并散热）

对于仿真结果，结合不同场景，利用建筑仿真模拟软件实现负荷特性的场景分析，可得到建筑集群的24小时供暖负荷分布图，如图6-13所示。

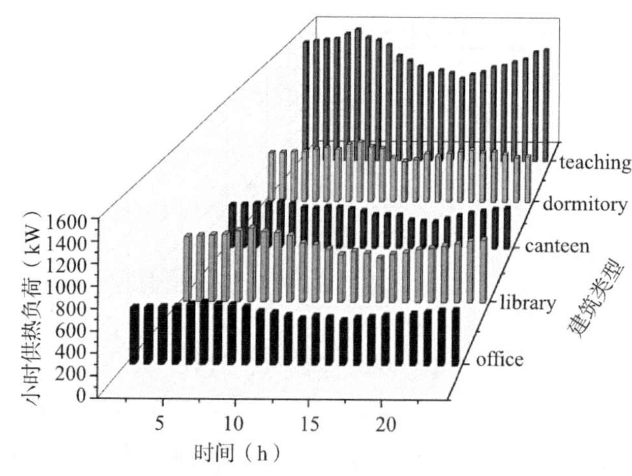

图6-13　模拟某校园建筑群的小时供暖负荷

图6-13中，校园建筑群的餐厅建筑小时负荷最低，而教学楼的供暖负荷最大。这是因为建筑的供暖负荷与建筑面积密切相关。每个建筑的荷载波动都受到外部和内部因素的影响。每栋建筑的热负荷曲线在14:00左右有一个山谷，这是由于当时室外气温最高。此外，可以注意到，每种类型的建筑的峰值负荷并不完全相同。例如，宿舍楼从12:00到13:00的负荷最低。这是由于大量的居住者和午休时休息产生的热量。

综上所述，目前模型预测技术种类很多，且各有其优缺点及应用场合，在做进一步研究时，应根据自身需求，合理选择模型预测技术，或将其结合起来发挥其优势规避其劣势，以达到合理准确的预测建筑负荷的目的。

6.3　最优化调度

6.3.1　能源的发展现状及其面临的问题

随着国家经济的高速发展，我国的能源消耗也在急剧增加，尤其是建筑行业消耗的能源约占到全社会总能源的30%，给社会造成了巨大的能源负担和环境污染，已成为制约我国经济发展的根源之一。此外，大型公共建筑在总能耗中占有很大比重。在美国，公共建筑占总能源消耗的18%。在欧洲，公共建筑占总能耗的11%。在当前服务专业趋于专业化和企业发展管理规范化的大趋势下，公共建筑相对于其他类型的建筑，能源消耗份额是比较庞大的。为了提高自身竞争力和盈利，建筑的运行人员需要寻找更高效的、更低成本的建筑能效优化运行方案。因此，开展建筑运行节能，对目前建筑能源系统的运行方式进行改进、转变已经刻不容缓。

传统建筑能源包括电、天然气、冷热水等，在冷热源配置上，热源一般采用市政热源或燃气锅炉供给热水，冷源一般采用电制冷的模式。然而不论是电能或者冷热水，它们最初的能量都来自于化石燃料燃烧所释放的能量。化石燃料的燃烧在供给人们所需能量的同时，也会给生态环境造成破坏。鉴于目前的生态环境已无法长期支撑人类现在的能源消费模式，因此大力发展新型能源，并尝试在建筑物传统能源系统中引入新型能源作为补充就显得极为重要。新型建筑能源包括太阳能、风能、地热能等，新型能源通常用来发电，作为对传统电网系统的补充。光伏系统、风力发电机组、冷热电联供系统和热能储存系统等新技术与传统技术共同集成建筑物的综合能源系统。

为了缓解建筑物对单一能源的依赖程度和减少化石能源的使用并促进新型能源的应用与发展，同时为了提高区域能源供给系统运行管理的可靠性、安全性和灵活性，节约建筑物的运行成本，需要进行建筑物级的综合能源系统的优化调度。

综合能源系统规划和运行优化是综合能源系统经济稳定发展的基础，找到系统的最优化运行策略是综合能源系统建立之初急需解决的重要问题。能源系统的运行规划问题是一个十分复杂的多目标、多约束的非线性优化问题，鉴于其复杂性，简单地由规划人员按照工作经验进行调控的方法已经无法满足实际系统的需求。此外，综合能源系统的规划还牵涉大量的不确定性和不可量化因素，原因包括:

（1）通常小型的能源系统规划仅仅考虑投资者的个人利益，然而在规划较为大型的综合能源系统时，我们需要考虑其涉及的多个投资主体，而他们互相存在复杂的耦合关系，因此规划方案需要在整体目标和各方个体利益之间达到优化和均衡；

（2）在综合能源系统中，能源输入端存在诸如太阳能和风能等含有不确定因素的能源，新型能源的应用会在很大程度上增加建筑物能源系统的复杂程度，给运行调节和优化调度带来麻烦。能源端又存在各种各样形式不同的能源需求，在规划过程中需要综合考虑这些广泛存在的不确定性因素的影响；

（3）未来综合能源系统的投资主体将呈现多元化，可能是政府、用户自身，或者是独立的能源系统投资商等，投资主体的不确定性会导致系统运行模式更为复杂多变，使得综合能源系统的各项性能难以精确考量。

6.3.2 常用的能源调度方法

在多设备联合供冷热时，探究热泵、制冷机、燃气锅炉、太阳能集热器等多种设备承担负荷的不同比例，并给出相应的控制参数，在降低系统运行费用，提高系统效率方面起到了非常重要的作用。在能源系统的设计过程中，是按照最不利情况选择设备的型号。但是实际运行过程中常常存在部分负荷运行的情景。尤其是在公共建筑中，人员的活动较为规律，室内设备运行时间较长，需要尽可能满足人们的热舒适需求。此时，负荷的曲线会受到较大的影响。为了保证设备在最经济的情况下运行，需要采用最优调度策略，进而实现多种能源的优化协调控制。

常用的能源调度方法有：

（1）按照能源调度的区域可分为对单体建筑的能源调度和对区域建筑的能源调度。

单体建筑的用能需求变化与建筑的功能性具有很大关系。比如单体类办公建筑的用能需求在办公时间内较为平稳，在非工作时间内的能源消耗处在一个极低的水平；居民楼在白天的用能需求较小，在晚上达到能源消耗的最高值。对单体建筑的能源调度要考虑到建筑物的用能规律变化，使能源调度与用能规律的变化相契合，保证用户在高峰时段的用能需求。

区域建筑如学校、医院等，及其内部建筑的功能性存在一定的互补关系，因此其负荷也存在着移峰、填谷、负荷集中的特点。区域建筑的能源调度要充分考虑到不同建筑物之间负荷变化的相应关系，在满足不同时段不同建筑物的用能需求外，合理地对能源的分配进行调节，充分利用区域建筑间存在的负荷变化规律，争取达到用户舒适满意，能源调度有序合理，能源运行绿色高效的目标。

（2）按照能源调度的位置分为对能源供给端的调度和用户端的调度。

对能源供应端的调度可以采用热电联产系统同时发挥区域锅炉房的补充和调峰作用。对于热电厂来说，若只用产生的蒸汽进行发电，由于蒸汽中的能量难以被完全利用，因此存在着很大的能源浪费。将热电厂接入供暖系统，将热电厂作为供暖系统的主要热源，则能很好地利用热水中的热量。同时将区域锅炉房作为热电联产系统的补充，能达到提升系统运行稳定性的作用。

对于区域锅炉房来说，由于其承担的负荷较小，锅炉设备也相应较小，常采用燃气锅炉或者电锅炉。燃气锅炉消耗天然气等清洁能源以产生热能，可以减小供暖系统对煤炭资源的依赖，也有利于环境保护。电制锅炉消耗电能产生热能以满足热负荷和储热罐需求，电锅炉在分时电价的引导下配合热电联产系统满足热负荷需求增加谷时段的用电量，因此引入电锅炉可以实现电热转换并对电热负荷进行协调。

用户可根据不同时段能源价格的变动调整用能行为，如可利用减小在用电高峰期，也即是电价最高时的电能消耗，采用其他用能方式作为电能的替代；在用电低谷的时候使用“谷价电”制冷蓄能。此举既可以节省用户的电费消耗，也能给电网起到移峰填谷的作用。

（3）按对供给能源的调节可分为对电能的调度和对冷热水的调度。

对电能的调度有关部分可采用“高峰电价和谷价电”的策略，通过调整电价进而调节电网中的用户行为，以达到移峰填谷的作用。用户可通过“电蓄冷”的方式利用晚上的谷价电制冷，在用电高峰期释放冷量，以达到节约电耗、降低电费的目的。

也可将新型能源发电在用电高峰期接入电网，以缓解电网压力。新型能源如太阳能、风能等，利用它们发电虽然具有绿色、清洁的优点，但由于技术条件等因素的限制，其稳定性与使用传统能源发电仍具有差距。若将其贸然接入电网，很有可能会破坏电网运行的稳定性，给运行调节带来麻烦。可将其产生的电能以各种方式储存起来，在用电高峰期使用，以达到缓解电网压力的目的。

在能源供应系统中，对冷热水的调度调节常采用质调节和量调节。

质调节：在供应冷热时期间，只改变供水温度而不改变供水流量。该方法可以在供应冷热期间，根据室内外温度等参数的变化连续的调节供应的冷热水温度，该方法操作简单，运行管理方便，既保证了用户端负荷的需要，又符合绿色节能的要求，是热水供暖系统常用的调节方式。

量调节：在供应冷热时期间，只改变供水流量而不改变供水温度。只改变供水流量的方法虽然在一定程度上有利于水泵的运行节能，但是系统的流量变化过大易导致系统的水力失调，且用户设备端冷热水温差增大，不利于设备的正常运行。

分阶段改变流量的质调节：在不同期间的不同时间段，在每个时间段内，系统的供水流量不变，只改变供水温度。此种调节方法可减小水泵电量的消耗，但是如果供水流量变化过大会出现和量调节一样的缺点。

质量–流量调节：同时改变系统的供水温度和供水流量。此种方法强调系统的循环水量随着温度变化和系统的形式做出调整，有利于运行节能，但其调节方式较为复杂，需要系统具有较高的自控程度，否则便无法实现。

间歇调节：当室外温度改变时，系统的供水温度和流量都不发生变化，只改变系统每天运行的小时数。此种方式通常运用于供暖系统运行调节的初末期，作为一种辅助调节方式使用。

综合能源系统的优化过程是一个能源综合调度的过程，与电力系统中经济调度、最优潮流或者机组组合问题类似，而不同之处在于需要考虑更多的能源种类、约束条件和更为复杂的目标函数。另外，在综合能源系统的优化过程中，需要科学地平衡多个利益主体或者多种利益之间的关系，这些问题比起单一的电力系统显得更为复杂。因此，建立能够有效、简洁、全面地解决未来综合能源系统中存在多目标或者多主体时的求解方法是我们亟待解决的问题。

6.3.3　能源调控技术的实施策略

本部分旨在阐述基于群体智能算法的区域能源优化调度策略（图6–14），重点有二：一是将现今开发出的众多群智能算法应用于区域能源优化调度问题，探讨群智能优化

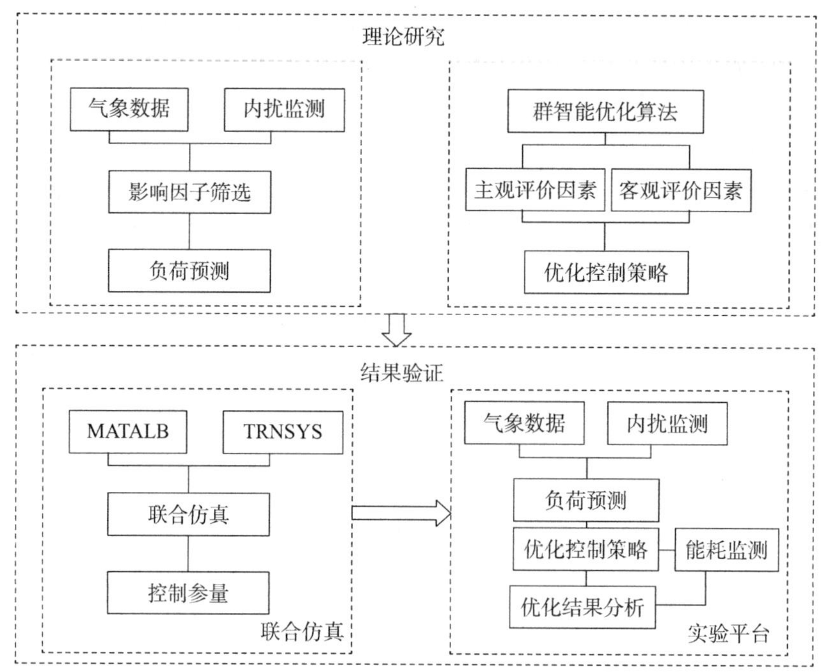

图6-14　基于群体智能算法的区域能源优化调度策略

算法在该问题上的适应性。对不同算法在该问题研究中展现的特点及优劣进行横向的比较。

二是研究基于能耗监测数据的公共机构用能设备智能管理与能源调度技术，将算法与实际机房模型相耦合，以预测的建筑负荷为供需平衡基准，结合电价、气价及系统运行规律，对系统的经济性，综合利用率，热舒适等多个评价指标进行多目标优化，最终通过决策方法选择最优调度方案。

研究通过冬夏两季的测试，在供暖、供冷机房获取建筑能源系统运行参数及设备性能参数，获得机组运行电耗及供冷供暖量。在建筑层面，获取建筑室内热舒适情况及建筑内扰变化情况。结合测试数据分别对能源系统进行数学建模，对建筑进行负荷预测。分析不同类型建筑的用能特点及建筑的负荷变化特征，将设备模型作为目标函数，负荷计算结果作为优化算法中的约束分别与不同的群智能算法进行耦合，实现最优化的计算。最优化目标的设定综合考虑了系统效率，室内舒适及系统运行成本等方面。在计算的过程中，不同算法将体现其性能的差别。最终，多目标优化的结果以帕累托前沿的形式展现，前沿上的非劣解将利用决策方法对其进行筛选和取舍，最终得到具体的运行方案，包括机组的启停控制，开启率控制及实际的参数调节。

1．设备机房建模概述

为区域供暖的能源站，通常采用热泵机组或燃气机组为区域进行供暖。此外能源站中常见的设备还有循环泵，部分能源站配有集热器。优化过程的第一步是对所提出系统的每个组件进行数学建模。在以下小节中将对能源站中常见供暖设备模型进行简要的介绍。

1）水源热泵数学模型

水源热泵机组是系统中主要的能耗设备，在建模过程中并未考虑压缩机、冷凝器、蒸发器和节流装置的具体结构，只通过分析输入和输出之间的关系，建立多元多项式对机组的运行状况进行描述。根据二次多项式建立机组模型：

$$COP_c = \beta_0+\beta_1 T_{cdi}+\beta_2 T_{chi}+\beta_3 Q_{ch}+\beta_4 T_{cdi}^{\ 2}+\beta_5 T_{chi}^{\ 2}+\beta_6 Q_{ch}^{\ 2}+\beta_7 T_{chi} T_{chi}+\beta_8 T_{cdi} Q_{ch}+\beta_9 T_{chi} Q_{ch} \quad (6\text{–}4)$$

式中，β_0~β_9为系数；T_{cdi}为冷凝器进水温度；T_{chi}为蒸发器进水温度；Q_{ch}为热泵机组承担热负荷。

模型共有10个参数需要被识别。热泵机组的供暖量与耗电量的关系可以由式计算：

$$COP_c = \frac{Q_{c,heat}}{W_c} \quad (6\text{–}5)$$

2）燃气机组数学模型

由于燃气锅炉的制热量由锅炉燃气耗量和锅炉效率决定，锅炉的运行状况可通过机组的负荷率及热效率的关系进行描述。计算过程中只考虑天然气和电力的消耗量。使用半物理模型对机组进行建模计算。

$$\begin{cases} Q_B = 4.185 G_n q_n \eta_B / 3600 \\ \eta_B = \alpha_0 + \alpha_1 \beta_B - \alpha_2 \beta_B^{\ 2} \\ \beta_B = \dfrac{Q_B}{Q_{B,R}} \end{cases} \quad (6\text{–}6)$$

式中，α_0 ~ α_2为系数；Q_B为燃气锅炉供暖量；G_n为燃气消耗量；q_n为天然气低位发热量，η_g为燃气锅炉效率；β_B为锅炉负荷率；$Q_{B,\ R}$为燃气锅炉额定供暖量。在锅炉运行过程中需要将过量空气系数控制在科学合理的区间内，机组新风量的需求与供暖量之间存在着线性关系，为了简化分析，将燃气锅炉输入功率简化为风机的轴功率输入功率。在调节过程中风机变频运行，由于离心式风机轴功率与风量三次方成正比，可通过下式计算风机的电耗。

$$W_z = W_{Bz} \beta_B^{\ 3} \quad (6\text{–}7)$$

3）循环泵模型

水泵能耗与实际流量有关，查阅选型软件将功耗建模为水质量流量的函数，通过最小二乘对水泵的模型进行识别：

$$\mathrm{N} = c_0 G^3 + c_1 G^2 + c_2 G + c_3 \quad (6\text{–}8)$$

式中，G为水泵的流量（m^3/h）；N为水泵的能耗（kW）。

4）集热器模型

此外，为了更好地利用可再生能源，添加了太阳能集热器，在计算过程中假设集热器倾角不变。设备模型如下：

$$\Phi = IA\eta_d\ (1-\eta_L) \quad (6\text{–}9)$$

$$\eta_d = A - B\frac{\theta_1 - \theta_a}{I} \quad (6\text{–}10)$$

式中，Φ为有效集热流量（W）；A为集热器集热面积（m^2），考虑到能源站建筑面积限制，假设A=50m^2；I为斜面上总辐射强度（W/m^2）；η_d为集热效率；η_L为管道及蓄热水箱热损失率；A、B均为常数；θ_1为集热器进口水温；θ_a为环境温度。

被优化日的气象参数作为输入条件，可以计算太阳能集热器在24小时内的热效率。

2．最优化方法

PSO是一种广泛使用的群智能优化算法，最初由Kennedy和Eberhart于1995年发明，适用于难以找到最优解的计算。对于特定的能量系统，存在许多类型的设备，并且离散和连续变量在约束中混合。算法的主要计算过程如下：

（1）生成随机解的初始种群，称为个体。

（2）通过仿真模型评估每个个体的优劣。

（3）每个个体根据“适应度”排列，即其目标函数值。

（4）对所有个体进行排序后，MOPSO依据式（6–11）确定粒子移动速度及方向，更新粒子位置向最优解靠近。

$$pop_{\mathrm{v,\ new}}=w\times pop_{\mathrm{v}}+c_1\times (pop_{\mathrm{p,\ best}}-pop_{\mathrm{p}})+c_2\times (pop_{\mathrm{leader}}-pop_{\mathrm{p}}) \qquad (6\text{–}11)$$

（5）通过一定次数的迭代，非劣解集生成帕累托前沿曲线。

一种解决多目标优化的方法：在优化过程中如果不存在其他可行的解决方案可以改善一个目标而不会使另一个目标恶化，则该解为帕累托非支配解。图6–15展示了对校园能源站优化研究中生成的帕累托前沿曲线，在多目标优化问题中，Pareto前沿上所有点有可能是最佳解决方案。选择最终的最优点则要通过决策方法来进行判断。

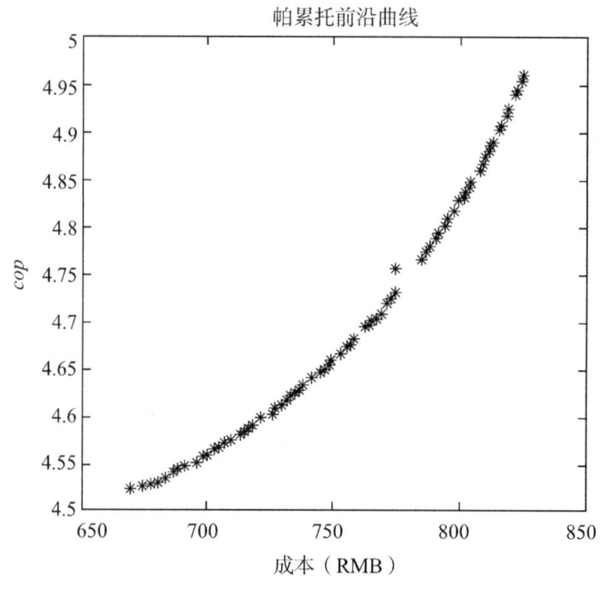

图6–15　优化过程中生成的帕累托前沿曲线

6.3.4　能源调控技术的应用意义

在对综合能源系统的研究中，不同能源系统之间的多能协同互补与能源梯级利用是提高综合能源利用率、实现节能减排的关键。研究能源系统智能运行优化调度方法的主要意义在于：

（1）在建筑能源系统运行时存在着管理粗放、缺乏指导的问题，在实际运行中由于建筑的负荷需求实时变化，建筑功能众多，系统运行时间不间断，仅通过运行人员经验对供冷供暖设备进行调节已经不能满足建筑能耗节约的紧迫要求。采用算法对能源系统运行进行合理规划管理则可以提高能源的利用效率。获得的运行方案可以为未来的实际运行提供指导。

（2）当今时代计算机科学发展迅速，随着硬件性能的提升，群智能算法也得到了广泛的应用。通过研究群智能算法在暖通实际问题中的适应性，将计算机科学与暖通进行跨学科的结合。一方面获得的实际运行方案可以对未来机房的运行提供指导；另一方面则可以以能源系统运行优化问题作为平台，将智能算法的研究进展与暖通行业节能运行发展相耦合，紧跟科技发展的步伐。

6.3.5　能源调控技术的研究案例

案例研究天津市一高校的区域供暖的能源站为228725.46m^{2}建筑区域供暖。站内使用了两台容量为3400kW的水源热泵机组，每台机组配备一个地源侧循环泵和一个用户侧热水泵（图6–16）。三台容量为4200kW的燃气冷凝真空热水机组，每个机组配备一台热水泵。上述设备为整个区域提供暖量。在计算过程中虚拟添加的太阳能集热器与燃气机组及热泵机组并联安装。

获得系统运行参数，对其进行建模和优化，2017年冬进行了为期一个月的测试。在能源站内测试了机组及泵的耗电量、冷却水温度和流量、冷冻水温度和流量、燃气机组负荷率，进出水温度及流量。在负荷侧，利用流量计及温湿度自计议测试了区域内建筑的负荷和室内温度。

在负荷需求方面，建筑物加热负荷表示为由水流和温差的乘积获得的加热能力。通过流量计TDS–100P测量水流量，精度为±0.15%。通过表面温度数据记录仪（HOBO U12–

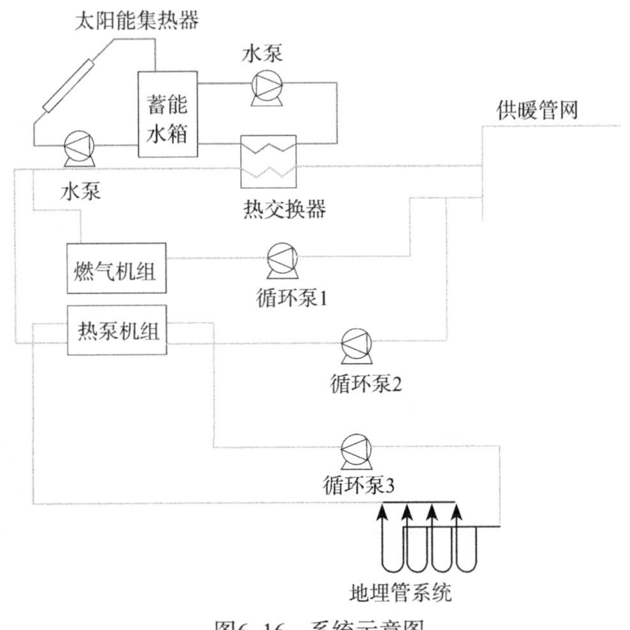

图6–16　系统示意图

014）测量水温，精度为±0.4℃。通过温度和湿度数据记录器（HOBO U10-003）测量建筑物中的室内空气温度，同时记录温度和相对湿度，误差分别为±0.4℃和±3.5%。数据记录间隔设置为1h。记录数据由HOBOWARE Lite在计算机上进行分析。测试期间的天气数据来自HOBO-U30气象站。

同时进行热舒适性测试。使用TSI 9545风速计测量室内空气温度和空气流速，其温度测量精度为±0.3℃，空气速度精度为±0.015m/s。计算PMV的主要参数设定如下：服装热阻（RCL=1.3clo），代谢率（M=58.15met），外部工作（W=0met），空气流速（v_a=0.1m/s）和水蒸气分压（P_A=1013.25Pa）。

根据帕累托前沿的曲线，当节省成本时，SCOP减少并出现一系列最优解。但是，对于实际操作，需要一个明确的解决方案来指导能源工厂中设备的运行。因此，需要进一步筛选帕累托前沿的点。通过MOPSO方法生成的Pareto最优曲线能够显示系统运行效率和成本之间的关系。图表上的每个点通过平衡两个目标函数来表示最佳值。第一个小时优化的帕累托前沿如图6-17所示。采用优化算法计算获得在第一小时设备运行策略的帕累托前沿。

在校园能源工厂的实际运行中，HP装置一天24h不间断运行，而锅炉则在7:00~24:00开启。NG锅炉的间歇运行导致供水温度急剧变化。一旦NG锅炉开启，HP冷凝器的入口温度将增加约4°C。此外，循环水泵始终以固定频率运行。因此，在系统的实际操作中存在很大的优化潜力。比较实际运行成本，SCOP和优化的结果如表如图6-18所示。

优化后，运行成本平均降低13595元，节省运营成本44.32%。考虑到设备的运行成本与能量消耗有很强的相关性，可以得出结论，MOPSO算法已经实现了显著的节能效果。同时，从系统效率的角度来看，平均SCOP可以提高0.7%，并且整个系统可以在模拟方案下在

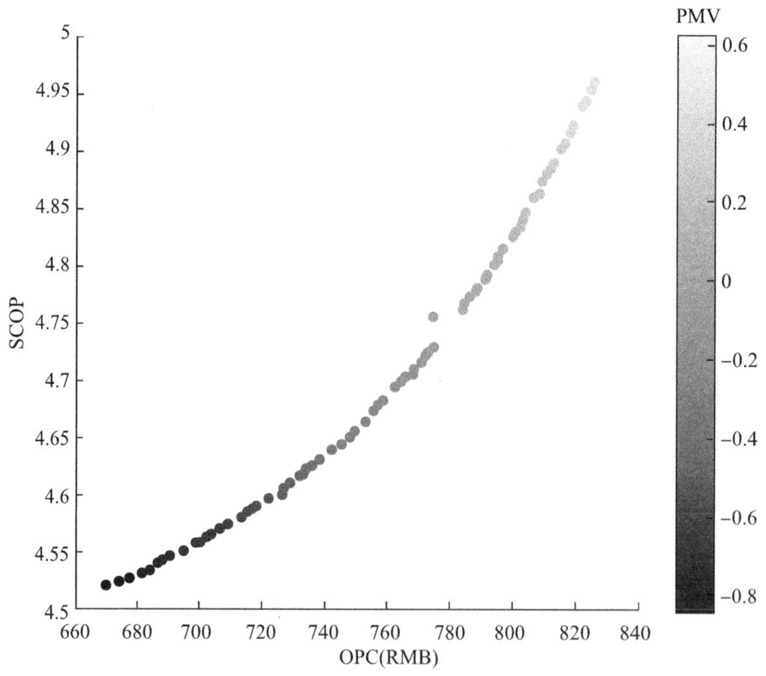

图6-17 帕累托前沿展示能效，运行费用和热舒适的关系

高效率条件下运行。

与现有的运行方案相比，优化的运行方法降低了NG锅炉的开/关控制频率和运行时间。由于HP装置的*COP*远高于NG锅炉的*COP*，因此锅炉开启频率的降低可以提高系统效率。虽然PMV不能保证始终为零，并且室内空气温度也会因某些时刻天气状况的变化而略微波动，但整体上可以保持热舒适性。

从综合分析可以得出结论，MOPSO算法在设备运行参数的开/关控制和优化中起着关键作用，特别是在各种设备能量系统的运行优化中。PMV可用作筛选条件。利用在不同建筑物负荷条件下系统运行状态的变化，PMV值使筛选后帕累托边界上的优化结果合理化。

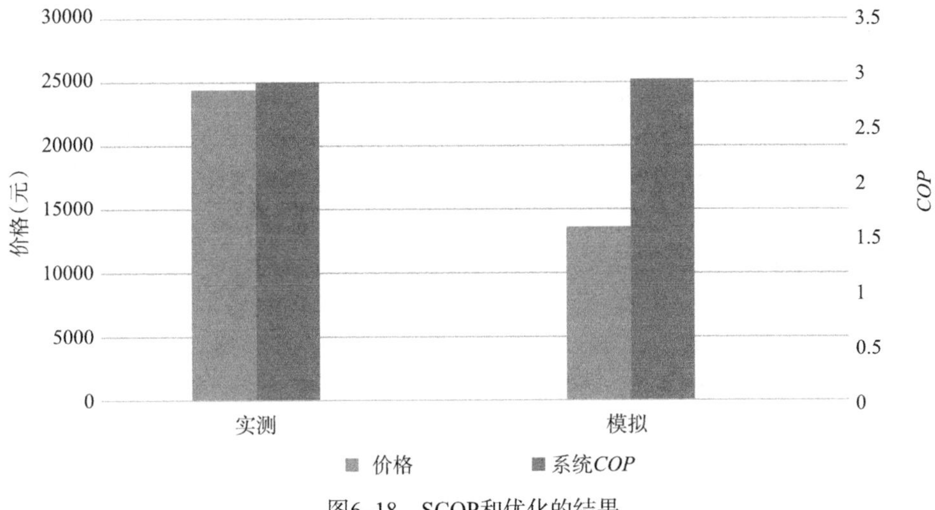

图6-18　SCOP和优化的结果

第 7 章　公共机构用能管理与调控一体化系统

公共机构用能设备智能管理与能源调控平台（以下简称“本平台”）是面向公共机构建筑耗能设施设备的过程管理以及以节能为目标实施综合调控的信息化平台。本平台采用云计算、物联网、数据通信、数据仓库等先进技术，集成数据融合、数据挖掘等方法，对建筑物的室内外环境、暖通空调系统、供配电、照明系统等实施综合性用能设施进行监测与管理的分布式系统。通过对接入的所有公共机构建筑物内的电、水、热、气等能耗设备和能源的远程实时监测、控制、维护、诊断和效果评价、考核，实现“四位一体智能调控”模式，即“能耗监测、环境监测、能源调控、机电管理”，实现公共机构能耗的可计量、可监测，为公共机构实行用能限额管理和节能改造提供数据支撑和决策依据。

7.1　系统架构

本平台的技术原理如图7-1所示。从图中可见，本平台优于传统的能耗监管系统的部分在于：实现了整个建筑主要耗能设备和能源的闭环调控。

图7-1　本平台技术原理示意图

由于实施节能的关键是提高建筑物用能设备的效率以及保障建筑物具有良好的物理性能。因此，作为以信息化为主要解决手段的本平台，需要完成对于建筑物静态和动态信息的采集和处理。主要体现在：

（1）本平台通过监测建筑物实时能耗和重点用能设备的运行状态，进行能效统计、分析、评估和诊断，最终发现耗能改进节点、实施节能优化，从而达到提高建筑物用能效率的目的。

（2）本平台通过监测室内外环境等物理参数，评估建筑物理性能的衰变水平，实施节能优化、改造方案，保障建筑物良好的物理性能。

针对上述技术手段搭建的平台系统，其数据流转和处理的过程如图7–2所示。

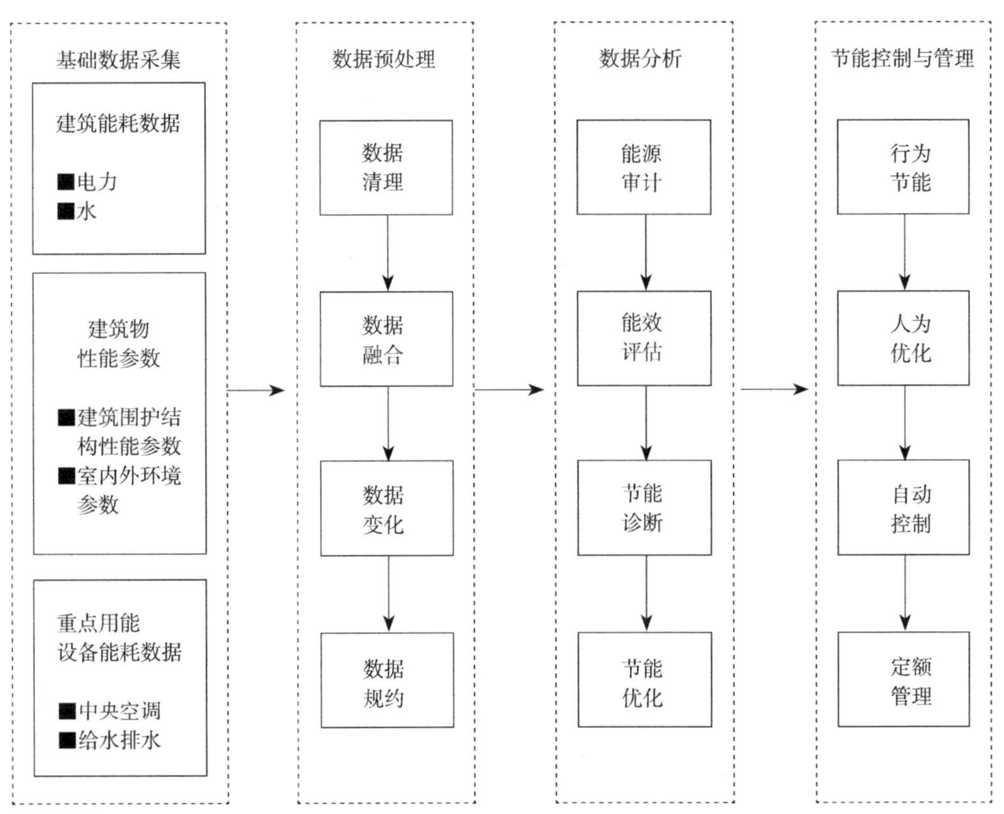

图7–2　本平台数据流程示意图

7.1.1　体系架构

本平台是建立起一个基于云构架的综合数据服务中心，是信息化技术和智能化技术的紧密融合，是传统建筑智能化和能耗监管系统发展的必然趋势。通过物联网、互联网、云计算和大数据处理技术以及建筑信息模型（BIM），建立起目标建筑和公共机构的对象模型，通过数据采集、实时传输和回控、集中存储和共享以及深度的数据挖掘，将建筑设施设备运行信息、建筑能耗信息和建筑运行的其他信息进行有效的整合和处理，为客户提供舒适、节能的建筑使用体验，为建筑物的业主、建筑物的使用者以及政府提供全方位的信息服务。

建设的基础为硬件设备、软件系统和数据中心，通过基于云基础信息共享平台、云应用开发平台和云信息展示平台的有机整合，将涉及建筑物信息建模技术、数据远传和存储技术、地理信息系统、移动互联等现代信息技术建成一个以互联网为基础，以有线、无线通信为纽带，以资源共享协调为核心，以桌面、移动设备为展示手段的综合性系统工程。

本平台的系统构架如图7–3所示。

由图7–3可知，本平台在系统架构上分为4个层次，分别是：计量器具（传感器）、数据采集器、现场工作站和数据管理中心。

1．计量器具（传感器）

架构最底层是计量器具（传感器），由各种类型的能耗计量装置和传感器组成，具体采集数据包括以下内容：

（1）计量器具，包括水、电、气、供暖、供冷等能耗的计量表具读数。

（2）重点用能设备（系统）运行状态参数，包括空调系统运行参数、照明系统运行参数、电梯运行参数、变压器运行参数等。

（3）与能耗相关的建筑物理参数、室内外环境参数，如建筑围护结构热阻、室内外的温度、湿度，室外风速、日照，室内二氧化碳浓度等，其中室外环境参数可以读取卫星实时数据，室内环境参数使用温湿度传感器及二氧化碳浓度传感器输出标准采集信号。

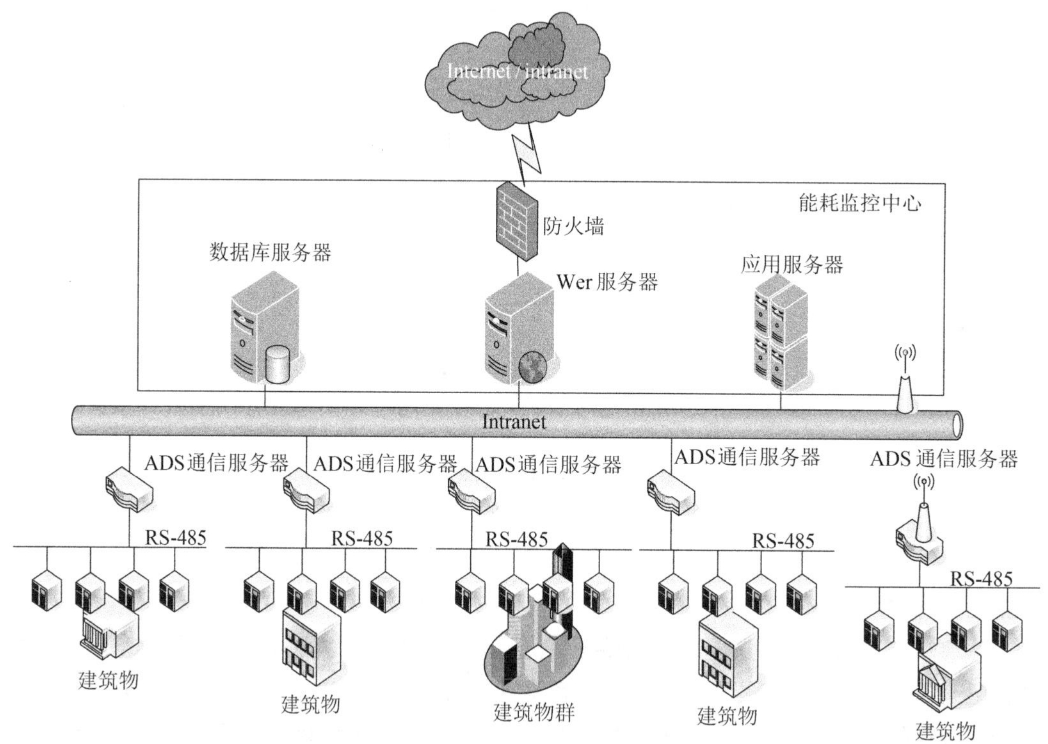

图7–3　本平台的层次体系架构

2．数据采集器

本平台的第二层是数据采集器。数据采集器通过RS-485、MBUS、OPC等方式采集、现场存储、统计系统的能耗数据，并以数据包的形式通过Internet将采集（统计）的能耗数据上传至现场工作站。采集器不仅仅具有采集的功能，在特定的场合下，可以完成设备的回控。

3．现场工作站

本平台的第三层是设置在每个公共建筑内的现场工作站。数据采集器采集的数据通过有线或无线方式相联组成现场网络，通过相关的协议汇集到现场工作站，现场工作站即是数据的中转站，也同时承担向本地建筑管理者提供该建筑的实施参数状况的功能。当建筑物较大或是建筑群时，需要在建筑或建筑群内建立客户分中心，它是针对群体建筑或具有一定相关性的多栋建筑组建的数据中心。客户分中心可以调度各个单体建筑的能耗数据以及不同建筑之间的能耗对比，客户分中心与工作站之间是通过TCP/IP的方式进行互联。

4．数据管理中心

本平台的第四层是云端总数据中心，在中心内构建由各类大型的数据库组成的数据仓库，现场工作站通过Internet有线方式或通过GPRS/CDMA无线方式将数据实时传输给总数据中心。在数据中心对各种能耗数据进行汇总、分析、统计、报表、综合评价、预警、发布等处理。

7.1.2　软件架构

本平台依据住房和城乡建设部、国家卫生健康委员会、教育部、国家机关事务管理局、工业和信息化部相关导则和软件开发指导说明书的要求设计、研发，并根据实际应用需求增加部分新的应用实现。

本平台的软件设计从用户需求出发，依托平台丰富的业务经验和技术优势，通过自动化技术、测控技术、网络技术和数据处理技术，为用户提供绿色、智能的能源管理解决方案，实现从传感器到用户桌面的信息融通和整合。通过不断地摸索和归纳，公共机构能源管理平台基本产品和解决方案的核心基础构架如图7-4所示。

本平台在软件结构上分为4个层次：现场数据采集层、数据平台层、基础平台层、系统应用层；每个层次完成不同的任务，下层为上层提供相应的技术支持服务。体系遵循国家相关技术标准，具有身份认证、数据加密、数据备份、病毒防范等相关安全保障体系。系统的软件架构方案如图7-4所示。

本平台实现“四位一体智能调控”模式，即“能耗监测、环境监测、能源调控、机电管理”，平台功能如图7-5所示。

1．现场数据采集层

现场采集子系统的核心是数据采集器，采集器负责采集计量装置的原始数据，然后将处理完的数据传输到数据平台系统。

2．数据平台层

数据采集系统：数据采集系统安装在数据中心主站，负责采集电能表、水表、热量表、燃气表等计量装置的原始数据。

数据处理系统：数据处理系统对采集上来的原始数据进行有效性验证，进行分项能耗数据计算。数据处理系统对接收的XML格式的原始数据包进行校验和解析，规范化采集时间，根据配电支路安装仪表的情况构造用能模型，并根据用能模型对原始采集数据进行拆分计算得到分项能耗数据，并将原始能耗数据和分项能耗数据保存到数据库中。

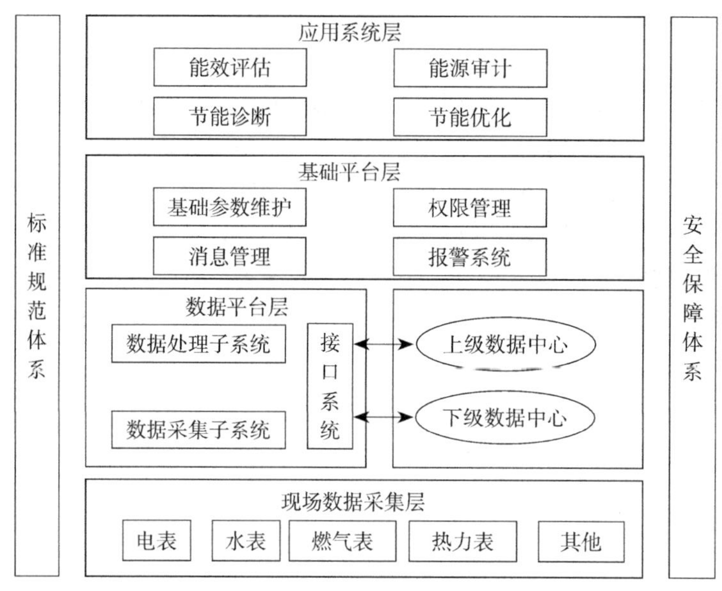

图7-4　本平台软件架构

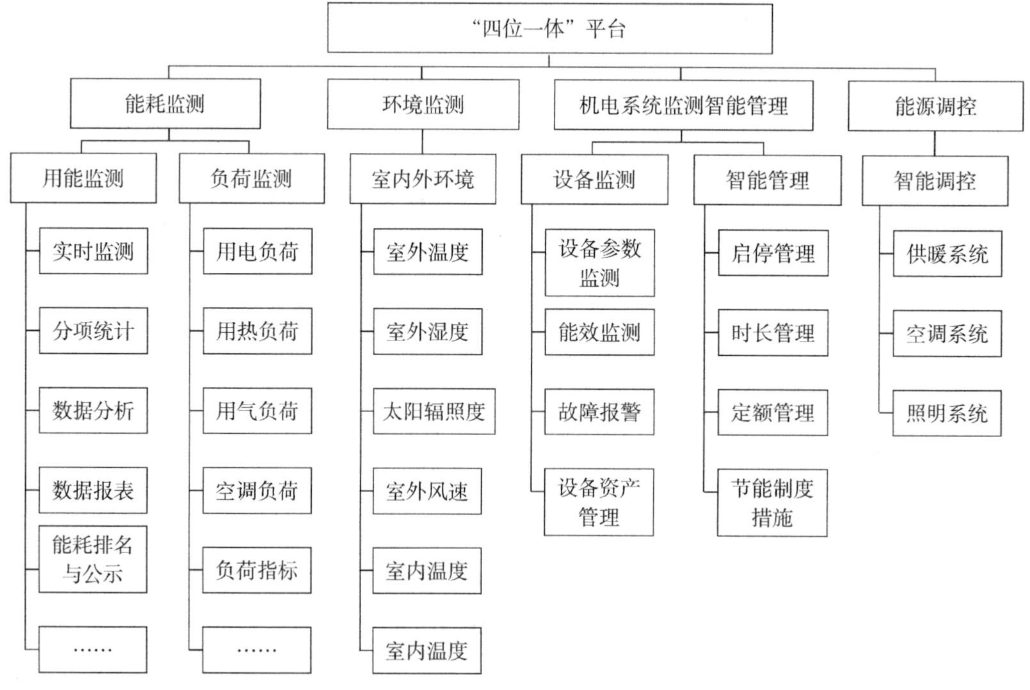

图7-5　本平台软件功能模块

数据接口系统：对于现场采集的能耗数据，最终可以上传到市级、省级以及更高层的数据中心进行能耗数据的存储和展示。数据接口系统包括数据上报子系统和数据接收子系统。

数据上报子系统通过定时任务调度自动从数据库中提取能耗分类分项数据，合并整理打包后发送到上一级的数据中心。数据交换格式为压缩的XML数据包。数据上报子系统主要包括数据提取、数据打包、数据上传、接收反馈结果等功能。

数据接收子系统接收下级数据中心发送的能耗数据，完成数据合法性校验和认证后将数据保存到数据库中，与数据上报子系统对应。数据接收子系统主要包括数据接收、数据解包、数据校验、数据处理和存储、发送反馈结果等功能。

3. 基础平台层

基础平台层包括基础参数管理、权限管理、数据库管理等功能。基础平台对智能调控平台需要的所有数据字典和建筑物概况等基础信息、建筑用能支路及监测仪表安装等专业配置信息、时间同步信息和用户权限信息等进行录入和维护。

4. 系统应用层

能效评估：为了能对节能技术或节能手段使用的效果进行量化评估，以月、季度、年为单位对建筑能效水平进行评估。

能源审计：根据国家有关节能法规和标准，对能源使用的物理过程和财务过程进行检测、核查、分析和评价的活动。

节能诊断：通过数据挖掘技术分析建筑物及其重点用能设备的能耗数据，发现用能系统（过程）中的节能潜力，优化系统用能过程，提高用能效率。

节能优化：依据节能诊断的结果提出系统的节能优化方案，包括行为节能、人为节能操作、自动节能控制等，以提高系统的用能效率。

通过基础构架的实现，达到快速完成应用系统的目标。软件架构的主要特点为：

（1）目前基础平台采用MySQL、MongoDB等作为数据存储方案，通过工厂模式，可以根据用户的需要轻松的转换使用Microsoft SQL Server或者Oracle等主流数据库。

（2）基于组件模式，降低各模块耦合性，实现功能模块的自由组合。平台提供了大量的公共组件，可以根据用户的需求自由组合出全新的应用界面。

（3）健全的安全机制，对关键数据进行加密存储，防止各种入侵攻击，有效地防止泄密事件，确保系统和数据的安全。

（4）对大数据、大开发进行了深入的优化处理，建立强大的缓存机制，确保了系统响应时间，提高了用户体验。

（5）提供了完善的增容、扩展机制，确保系统在未来的可持续发展。

在具体的实现方面，本平台的软件设计从用户需求出发，依托平台丰富的业务经验和技术优势，通过自动化技术、测控技术、网络技术和数据处理技术，为用户提供绿色、智能的能源管理解决方案，实现从传感器到用户桌面的信息融通和整合。软件的实现主要由4个平台模组构成。

（1）统一的数据存取平台：统一的数据存取平台主要是运用物联网技术打通了数据从传感器到桌面的所有关节，实现现场数据到桌面的无缝连接。同时平台考虑到数据整合的需求，运用物联网技术将不分专业、不分行业的同类型数据进行全面整合，并且为实现系统开发的分层次、分享协作的目标，在系统存取平台的实现过程中建立了一系列内部规范和服务模块，便于实现高效率的开发。

（2）统一的数据计算平台：统一的数据计算平台实现了针对客户业务进行数据处理。例如，将存储在数据平台中的大量基础数据提取出来，由专业人员进行抽取、分析、判断，整理出来的有效信息服务于客户。因此，统一的数据计算平台为不同行业的业务人员提供了若干种实现分布式数据分享的服务，使得他们能够在任何场合获取有用的信息。该平台实现的最终目标是建立计算机编程语言无关的数据存取方法和业务计算库，让不具备较强计算机编程能力的其他专业人员能够方便地存取存储在我们数据中心的数据。同时，经过处理的结果也可以作为其他应用的入口，发挥出更多的价值。

（3）统一信息展示和交互开发平台：统一信息展示和交互开发平台旨在通过自由的组合，提供给客户完美的客户体验。交互界面的生成由系统数据融合、信息关联以及全面解决方案等技术作为支撑，实现在平台中通过组合、定制等手段，完成不同类型的客户以及不同类型的终端的信息展示和交互。

（4）统一的支撑应用的弹性系统平台：统一的支撑应用的弹性系统平台用于支撑上述三层体系应用构架的硬件平台和软件平台。支持应用的硬件平台主要包含：现场数据采集及通信单元、数据中心前置机系统集群、数据库服务器集群、发布数据库体系、应用数据库体系、存储体系、数据中心安全体系以及能源保障体系等；支持应用的软件平台包括：操作系统、数据库系统、统一的身份认证体系、统一的开发事件和日志系统、统一的索引系统、用于支持团队开发的研发过程管理系统等。

本平台的建成目标是“四位一体”调控平台。

7.2 技术实现

本平台的关键技术如下：

（1）通用数据采集和控制技术平台：通过不同协议的有效转换。实现针对不同场景的数据采集和控制。提供的产品和技术不仅仅是软件产品，还可能是专用的硬件产品。

（2）针对不同介质的数据传输技术：可以实现有线、无线、局域和光域的数据传输体系，以及能够具备保证数据可靠性的所有方法。保证在系统级的应用中实现数据的可靠传输。

（3）通用的海量异构数据的存取技术：针对不同的应用，建立了一种可以处理异构数据的信息处理机制，即建立起反映客观实际的基于时间的数据仓库，以便于后期的信息增值应用。这类异构的数据通常包含：二维表结构的关系数据库、结构化的文档信息、瞬时变化的工业过程信息以及多媒体信息等。

（4）提供丰富多样的界面定义技术：通过桌面系统、手机、平板等展示设备，实现统一基础的展示构架，做到一次实现、多处应用的效果。同时实现展示界面组件的可视化组合和应用。

（5）提供和语言无关的数据挖掘处理平台：这是整个研发体系技术中较为复杂的环

节。针对不同的应用，我们需要提供不同的行业组件和定制的计算方法，以实现客户的商业逻辑。

本平台是一套完备的基于云构架的能源管理及控制的信息化管理平台。通过管理平台的建设和应用，辅助客户持续提升应有的能耗管理水平：由传统的、基础的、二维化的管理模式向现代的、全面的、多维的模式转换。通过平台应用可以明确能源管理现状，科学分析重点能源，通过政策引导和管理手段应用，结合持续的节能改进工作，最终达成能源合理配置目标的实现。

7.2.1　数据采集和控制

本平台采用的自主研发生产的能耗数据采集和控制器，是在《国家机关办公建筑和大型公共机构能耗监测系统分项能耗数据传输技术导则》和《Q/SUPCONSOFT 003—2007工业以太网数据传输协议》等相关标准的基础上设计、研制的。该单元能够采集被监测建筑物内的电、水、气等各项能耗数据，并通过TCP/IP或GPRS等方式将数据上传至数据中心或数据中转站。

能耗数据采集和控制器采用工业级的CortexA8 1GHz ARM CPU，512MB DDR3内存，512MB SLC NAND FLASH存储，可备份1个月以上的采集数据；RS485口支持多达128个表具的连接；双RJ45以太网口支持同时向多个服务器上传数据。嵌入式Linux操作系统，稳定可靠、资源占用率低。

能耗数据采集和控制器支持Modbus、Mbus、OPC、DL/T 645、CJ188等多种通用协议，并可通过简单扩展支持各种用户自定义的协议。支持连接电表、水表、燃气表、智能感应器等多种设备，能够采集各种能耗数据，并可支持设备的远程控制（需设备本身支持）。除支持普通的有线网络方式上传数据外，还支持GPRS、ZigBee等无线方式，适应不同的应用场景。单元的典型连接方式如图7–6所示。

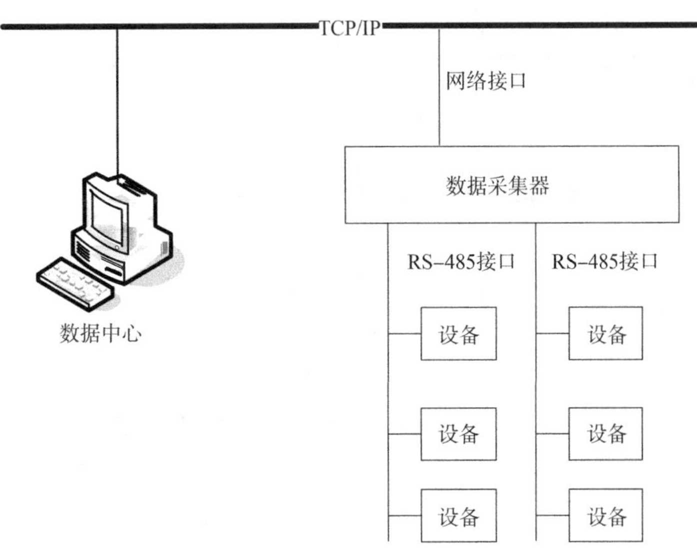

图7–6　数据采集器的典型连接方式

能耗数据采集和控制器所采用的自主研发的数据备份技术，适应各种恶劣与复杂环境，能够在突然掉电等情况下，大幅降低文件与系统损坏的概率，提高系统的稳定性。采集器支持ICE数据上传方式，相对普通方式更加高效、稳定、降低网络带宽要求。同时，采集器能够自动上报状态与故障信息，便于运维人员远程实时了解采集器及设备的运行情况，有效降低运营与维护成本。

本平台使用采集和控制器通过3G、GPRS、Internet、ZigBee、CAN、Mbus、RS-485等网络形式完成计量表具、传感器等数据的互联、传输。公共建筑智能调控云平台物联网的末梢由很多智能节点组成（Intelligent Sensor），这些节点主要负责收集建筑能源网络中的能耗设备运转情况。每个智能节点IS会将它周围的由于能耗设备的运转所产生的周边环境的信息进行收集并上传，作为衡量房屋内能耗设备综合运转情况的标准和参考，组成的系统架构如图7-7所示。

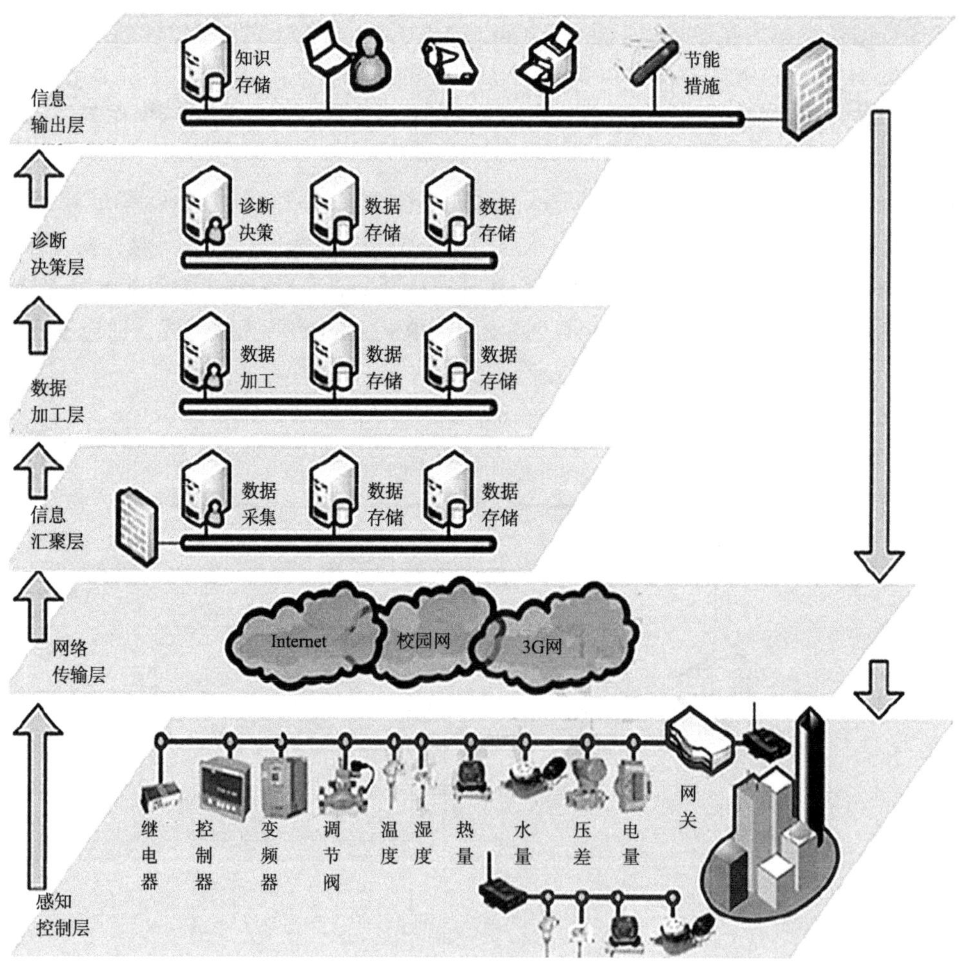

图7-7　公共建筑智能调控平台现场网络架构图

在建筑内部，需安装用于监测用电、热量、冷量、流量、用水等参数的建筑能耗数据采集仪表，并建立其覆盖整个建筑的设备的网络系统，建筑用户层的模块连接存在多种方式。

（1）有线连接方式：新建大型公共建筑中，配电比较集中、施工时不受建筑用户影响，可选购的仪表种类较多，目前多数数据采集仪表配套RS–485接口，具有价格竞争优势，可采用如图7–8（a）所示的RS–485有线连接方式。

（2）无线连接方式：既有大型公共建筑中，存在分散的用能点，有线方式安装可能影响建筑用户正常使用，可采用如图7–8（b）所示的施工方便的无线方式，其缺点在于仪表设备费用高。例如ZigBee无线通信方式，需要所有监测仪表均支持ZigBee无线接口，配套的智能网关也采用ZigBee接口与其连接。图7–8（c）为ZigBee网络结构图，包括ZigBee 终端、中继器和网络协调器。试验证明使用ZigBee实现无线数据采集技术切实可行，配电室等强电场环境对ZigBee无线传输影响不大；ZigBee对障碍物的穿透能力比较弱，可通过增加节点发射功率和增加中继节点的方法来解决。

（3）有线和无线结合方式：有线方式和无线方式各有优缺点，有时单纯采用某一种形式不能适应当前情况。如某建筑有集中配电室，而制冷机房相距较远，建筑业主明确要求不能敷设明线影响建筑外观，若全部仪表均采用无线方式则项目成本骤然增加，此时可采用如图7–8（d）所示的有线和无线结合方式。此种方式中，无线传输模块起到透明传输作用，对智能网关上通信程序无影响。能耗数据采集器适应多种应用场景，系统可针对不同的应用场景选用不同的连接方式。连接可分为设备与采集器、采集器与数据中心两部分。

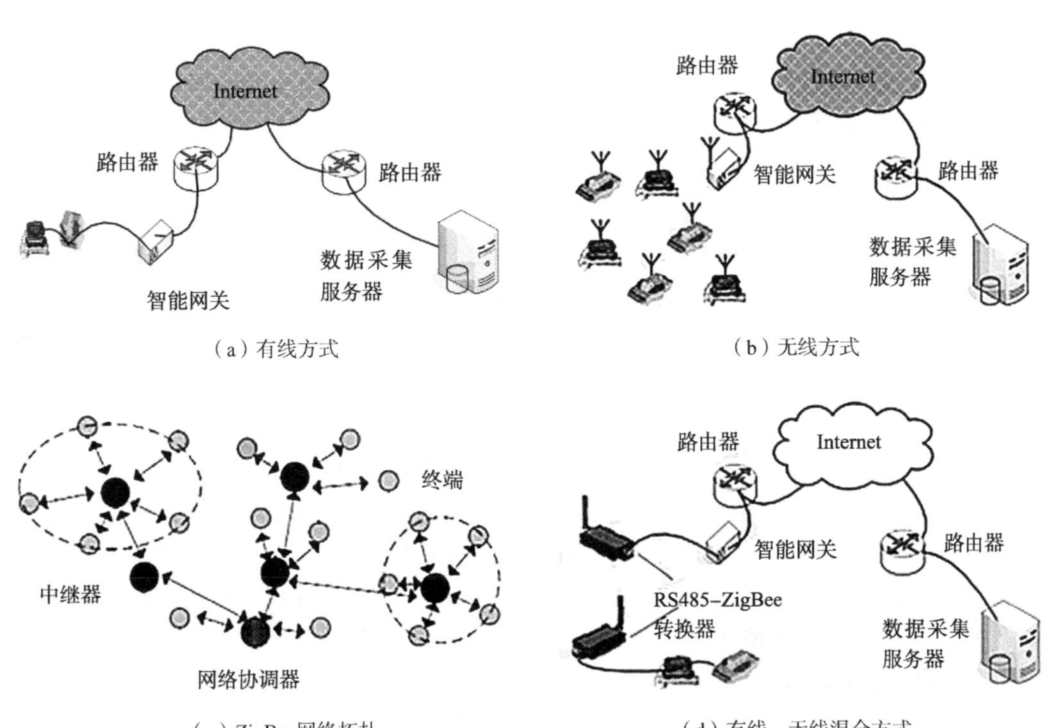

（a）有线方式　　（b）无线方式

（c）ZigBee网络拓扑　　（d）有线、无线混合方式

图7–8　公共建筑智能调控云平台物联网网络拓扑结构图

1．设备与采集器

设备与采集器之间的连接主要分为RS-485、RS-232、MBus、ZigBee等几种。

（1）RS-485：RS-485是采用差分信号负逻辑的串行通信接口，半双工通信模式，支持总线结构。理论最大传输距离1219m，受各种干扰的影响实际传输距离为数百米，需要延长传输距离时可加入中断器，最多可加入8个，最大传输速率10Mbps。

RS-485作为一种常见的现场总线网络，支持的仪表种类众多，实施简单方便，在实际项目中应用广泛。本平台采用的能耗数据采集器的RS485接口最多支持连接128个设备，在现场能够布线的情况下，优先选用RS485方式。

（2）RS232：RS232是一种采用差分信号负逻辑的串行通信接口，全双工通信模式，传输距离在15m以内，只支持点对点传输。一般情况下应转换为RS-485再与采集器连接，只有在设备与采集器距离很短且采集器RS485接口连接的设备已满时，再考虑使用RS-232方式。

（3）MBus：MBus是区别于RS485的一种总线结构，由两条无极性的传输线来同时完成供电及传输信号的功能。一般情况下可连接数百个设备，数据传输距离可达数千米。

在设备需要外部供电但现场没有电源或供电困难的情况下，可以考虑使用MBus方式。大多数情况下可以使用“485+独立电源线”方案替代。

（4）ZigBee：ZigBee是一种低速率、低功耗、短距离的无线通信技术。速率在20Kbps～250Kbps之间，2节5号干电池可支持1个节点工作6～24个月，传输距离一般在10m～100m之间，空旷环境下可达约300m。ZigBee具有大规模组网能力，网络可包含65000个节点，每个节点均可与其他节点通信。

在现场不易布线或布线成本过高时，可以考虑使用ZigBee连接设备与采集器。但节点较多将导致系统的总体稳定性下降、成本上升。

2．采集器与数据中心的连接

采集器与数据中心的连接主要分为Ethernet、GPRS和WiFi等方式。

（1）Ethernet：当现场具备有线网络或能够部署有线网络的情况下，应选用Ethernet方式连接采集器与数据中心。

（2）GPRS：GPRS是通过分组无线服务技术的简称，它是GSM移动电话用户可用的一种移动数据业务，传输速率理论上可达115～171.2Kbps。能耗数据采集器采用的GPRS模块支持所有的2G卡，支持大部分3G卡和部分4G卡。相比Ethernet方式，GPRS可以在没有有线网络的情况下完成数据的上传，但增加了成本（流量费），同时难以进行远程运维。

（3）WiFi：WiFi无线路由器将有线网络信号转换成无线信号，各个终端通过WiFi模块接入无线信号，是目前使用最广的一种无线网络传输技术。商用WiFi无线路由器的传输距离在空旷环境下可达数百米，但穿透能力弱，遇到障碍物时传输距离将大幅度减小。能耗数据采集器支持通过WiFi模块连接WiFi无线路由器。在现场没有有线网络、难以架设且到有线网络的距离符合要求的情况下，可以考虑选用WiFi方式。相对于GPRS，WiFi方式传输速率高、没有流量费用、方便远程运维，但到数据中心的距离有限。

7.2.2 数据存储和分享

本平台建立的数据存储和分析体系全部是面向数据库的应用。数据库系统含有实时数据库系统、面向专业应用的专业数据库系统以及面向地理信息系统和位置服务的查询索引系统等。这些数据库系统由于应用的场景不同和对象的不同而具有不同的表现。同时，本数据库体系又是一个巨大的异构数据整合平台。因此，需要按照系统的应用类型设计出整个数据库系统，目的是形成一个巨大的数据整合平台，以实现不同类型和数据的融合。为大数据分析打下良好的基础。面向数据仓库的数据库体系需要体现如下的设计思想：

（1）面向主题：与传统数据库面向应用进行数据组织的特点相对应，数据仓库中的数据是面向主题进行组织的。面向主题的数据组织方式，就是在较高层次上对分析对象的数据的一个完整、一致的描述，能完整、统一地刻画各个分析对象所涉及的各项数据及数据间的联系。

（2）集成化：数据仓库中的数据是从原有分散的数据库中抽取出来的，由于数据仓库的每一主题所对应的源数据在原有分散的数据库中可能有重复或不一致的地方，加上综合数据不能从原有数据库中直接得到。因此数据在进入数据仓库之前必须要经过统一和综合形成集成化的数据。

（3）随时间不断变化：数据仓库中数据的不可更新性是针对应用来说的，即用户进行分析处理时是不进行数据更新操作的；但并不是说，从数据集成入库到最终被删除的整个数据生成周期中，所有数据仓库中的数据都永远不变，而是随时间不断变化的。

1. 海量历史数据的存储

历史数据是实时数据加上时间标度写入数据库的特殊数据。可用于报告、报表、数据分析、场景回放等目的。一个存储历史数据的数据机制的优劣，主要体现在它提供的功能是否齐备，系统性能是否优越，能否完成有效的数据存取，各种数据操作、查询处理、存取方法、完整性检查，保证相关的事务管理，事务的概念、调度与并发控制、执行管理及存取控制，安全性检验。因此，数据的写入管理需要涉及以下几点：

（1）采集效率和读取速度；

（2）数据存储效率和占用空间；

（3）存取手段的多样化；

（4）客户端调试和监视程序的易用及效率；

（5）分布式构架和成熟的接口方式；

（6）安全和稳定；

（7）高可用性和二次开发；

（8）开放的数据库互联。

本平台所有采集的动态和静态数据均需要按照一定的方式进行重新的组织，以便于后续的数据加工和增值应用。数据的组织和存储是由数据库系统和相关的文件系统共同搭建的异构信息的统一数据融合体系。通过有效组织与存储的数据须具有下述特征：

（1）数据来源无关性。存储在平台中的数据将仅仅与其所对应的业务有关，而无须和数据源系统相关。

（2）基于现实对象的数据查询和使用。经过有效组织的数据的使用将基于现实中的实际对象。如：设备、体系、资产等。

（3）基于服务的数据共享机制。数据共享和使用的方法和具体数据仓库组织、结构、查询语句等无关。而是通过服务（Service）的架构在统一的权限控制下进行受限的数据共享。

2．建筑的数字化模型

为保证数据组织的有效性和高效率，需要对于被管理的建筑进行全面的数字化描述，也称为：建筑画像。具体手段是建立建筑全域的数字化模型，建立信息资源管理的基础标准，保证标准化，规范化地组织好建筑信息。

数字化模型的内容及范畴包括业务数据、主数据以及元数据三类数据的管理和使用，如图7-9所示。

建立数字化模型需要包含下面主要元素：

（1）静态描述数据。针对全面描述的变化频度较小的数据，用于记录的静态信息。包含有：建筑基本情况、运维和管理的组织架构、地理位置、设计资料和档案、资产清单、服务流程、岗位职责、规章制度，能源种类、能源图、服务质量标准，考核指标，计量参数预警、报警标准，设备工况参数预警、报警标准，设备能耗、参数限额预警等。静态描述信息一般可以采用关系型数据库管理系统进行管理。

（2）运行过程数据。针对建筑运行过程中每日产生的依据不同时段变化的数据，用于记录建筑使用的动态信息。服务计划、检修计划、绩效数据，设备运行数据、能源和资源消耗、运行报表、检修过程、备品备件的库存、员工班组的考核、故障报警、排放监测、视频监控等。动态描述信息根据其数据的特征一般可以采用关系型数据库管理系统、时序数据库管理系统（工业数据库系统）、NoSQL数据库管理系统进行相应的管理。

建筑的数字化模型的建立是一个渐进的过程。因此，需要建筑的数字化模型管理系统具备可动态变化的能力，在实施中保证成熟一块，管理一块。

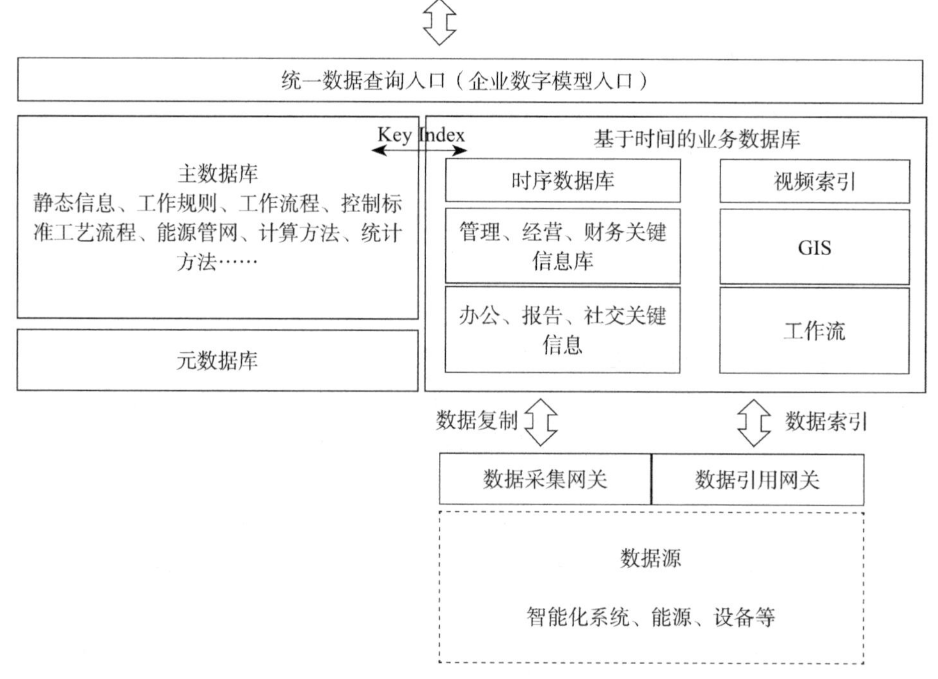

图7-9　建筑数字化模型的数据组织

3．数据分享的机制

（1）在数据分享的过程中，为了保证数据的安全和真实，需要对于参与数据分享的用户和需要分享的数据进行有效的授权、分类和过程管理。

（2）数据平台的分享提供数据平台分享的接口标准，以及符合标准的相关计算机服务，以保证数据分享的可操作性。

（3）数据平台需要将所有的使用者进行完整的管理和角色分类。

（4）所有数据需要进行分享级别分类，并形成制度。

（5）提供权限系统控制下的数据分享技术手段，严禁进行直接的数据库操作。

（6）数据分享的手段应该是基于建筑的数字化模型，采用软件服务的手段进行数据的交互。

（7）对于需要回写的应用，需要进行单独的授权。

（8）所有的过程需要有相应的日志系统进行记录，必要时增加回滚功能，以保证数据的安全。

4．数据分享的授权和认证

本平台的数据分享过程中，用户对于数据的获得和回写都需要单独的安全授权以及用户的身份认证。授权和认证的方法可以是下列方法的中的一类或者几类联合使用：

（1）固定密码授权。

（2）动态密码授权。

（3）生物授权和认证。

（4）采用特定设备的授权认证。

5．数据分享平台的基础服务

本平台的分享是由一系列服务体系组成的。可以保证用户以最低的成本获得所需要的针对企业的创新应用开发。

1）基础服务表现形式

（1）面向应用开发者的数据服务：通过Web Service、微服务等方式，向软件的开发者提供编程级别的服务。

（2）面向应用的组态工具类服务：数据平台提供一系列系统的编辑工具，帮助用户以高效的组态方式完成所需要的信息可视化功能。

2）基础服务主要构成

（1）建筑数据服务：提供存储在中心数据库中的所有来自于建筑的静态描述性数据和动态过程性数据。

（2）统一时间服务：针对所有的过程数据，建立标准的统一时间源，为数据采集和数据分享提供数据对齐的标杆。

（3）统一的编码、索引和身份验证服务：提供建筑统一的设备编码、故障编码，统一的信息查询索引，统一的用户身份验证。已达到标准化信息互通、单点一次登录获得所有服务的目标。

（4）地理信息服务：通过地图以及相应的基本标注，提供给数据的使用者基于企业地理的服务。如：资产位置、人员定位、应急处置等。

（5）3D基础服务：提供建筑物、设备等的3D可视化基础。可将各类专业信息附着其上进行增值应用开发。用于展示、定位、拆解、状态监测等专业服务。

（6）视频服务：融合服务和安全视频和安全防范监控系统的视频索引信息。提供视频信息的实时调阅和指定回放。

（7）语音服务：提供语音的交互方式，改善客户体验。

（8）消息服务：针对需要通知的数据服务。提供授权的针对固定和移动设备的推送服务。如：短信、微信、邮件和语音提醒。用于报警、预警、日常工作提醒等应用。

（9）基本计算服务：为特定的用户提供行业基本的计算引擎。以保证算法的标准化和可信度。如：数据清洗、焓值的计算、基本的聚合统计等。

（10）数据可视化服务：提供一系列基本的软件构件，帮助数据的分享用户能够用简单的方式进行针对企业信息的专业描述。

7.3 安全性与拓展性

7.3.1 系统数据安全体系设计与实现

为了保证平台的安全运行，保护平台计算机的硬件、软件和系统数据不因偶然或恶意的原因而遭到破坏、更改或泄漏，平台采用以下安全措施。

1. 软件平台客户端动态令牌认证措施

（1）支持基于数字证书的2048位SSL安全通信访问

SSL被设计用来使用TCP提供一个可靠的端到端安全服务，为两个通信个体之间提供保密性和完整性（身份鉴别）。

采用两种加密技术：非对称加密（认证、交换加密密钥）、对称加密（加密传输数据）。

SSL建立在可靠的传输协议（如TCP）基础上，提供连接安全性，使用了对称加密算法、HMAC算法来确保完整性，用来封装高层的协议。

（2）支持基于短信的动态令牌认证

动态口令（One Time Password，OTP），即用户每次登录系统时使用的口令是变化的。根据动态因素的不同，动态口令认证技术主要分为两种，即同步认证技术和异步认证技术。其中同步认证技术又分为基于时间同步认证技术（Time Synchronous）和基于事件同步认证技术（Event Synchronous）；异步认证技术即为挑战/应答认证技术（Challenge/Response）。

短信方式是基于异步认证技术，即用户要求登录时，系统产生一个挑战码（随机数）发送给用户，由于每个用户的密钥不同，只有某一用户用指定的令牌才能算出正确的应答数，并且这个应答数只使用一次，所以能保证很高的安全性。

（3）支持基于用户名口令的一次性密钥认证

简单的认证中只有名字和口令被服务系统所接受。由于明文的密码在网上传输极容易被窃听截取，一般的解决办法是使用一次性口令（One-Time Password，OTP）机制。这种机制的最大优势是无须在网上传输用户的真实口令，并且由于具有一次性的特点，可以有效防止重放攻击（Replay Attack）。一般将运用多种加密手段来保护认证过程中相互交换的信息。

2．使用防火墙技术

防火墙技术是一种建立在现代通信网络技术和信息安全技术基础上的网络应用安全技术，越来越多地被应用在专用网络与公用网络的互联环境之中，尤其是以接入Internet网络使用最为广泛。

防火墙是指设置在不同网络（如可信任的企业内部网和不可信的外部公共网）或网络安全域之间的一系列器件的组合。防火墙是不同网络或网络安全域之间信息的唯一出入口，它能根据企业的安全政策（允许、拒绝、监测）控制出入网络的信息流，且本身还具有较强的抗攻击能力。防火墙可提供信息安全服务，是实现网络和信息安全的基础设施。在逻辑上，防火墙既是一个分离器、限制器，也是一个分析器，能够有效地监控内部网和因特网之间的任何活动，保证内部网络的安全。

平台在使用防火墙技术主要体现在两个方面：

（1）企业网络级防火墙，用来防止整个企业内部安全网络出现外来非法不可信网络的入侵。属于这类的有分组过滤和授权服务器，分组过滤检查所有流入本企业网络的信息，拒绝所有不符合企业事先制定好的一套准则的数据，而授权服务器则是检查系统使用用户的登录是否合法。

（2）企业应用级防火墙，企业从应用程序入手来进行智能调控平台的接入控制。通常使用应用网关或代理服务器来区分各种应用。

3．应用系统的安全性

本平台可供多个单位多个部门员工同时使用，因此在系统安全性设计方案上，可采用角色管理和系统用户身份验证的安全策略。

1）角色管理

角色管理将系统不同模块权限和对象权限整合成一个集合，即角色。通过对系统功能模块的划分，不同的模块对不同的角色有着不同的访问权限控制。从而限制了那些没有该功能模块访问权限的用户访问该功能模块。

2）系统用户身份验证

身份验证技术是目前广泛使用的企业信息系统的安全技术之一，它通过使用用户向系统出示自己身份证明、系统核查使用用户身份证明的有效性两个过程判明和确认通信双方的真实有效身份。

本平台主要依靠Internet信息服务的身份验证技术和操作系统文件访问系统的安全性。使用用户的访问请求首先从网络客户进入信息服务身份验证，信息服务可以选择使用基本的、简要的或集成的操作系统级身份验证技术对客户进行身份验证，如果客户通过了身份验证，那么信息服务将根据验证后的结构生成新的对客户端的请求后提交给应用程序服务器。之后应用程序使用从服务器传递来的访问标记模拟原始提出请求的客户，并验证该用户在配置文件中所给定的访问权限。最后通过验证，应用程序通过服务器返回所请求的页面。此方案依赖了操作系统集成的账户验证功能，同时可以尽量减少智能调控平台对程序本身在安全性方面的编程量，大大简化了平台设计过程中的工作量。

4．应用程序的安全性

在本平台的程序设计过程中为了减少因程序设计漏洞而带来的安全性问题，在程序设计中采取如下措施来增加应用程序的安全性。

（1）防止SQL注入攻击，在编程的时候要禁止用户输入非法的危险字符，如单引号（‘或’），or，and，*，<，>，空格等危险字符；同时在客户端和服务器端都要对用户输入的信息进行验证；同时在编写程序过程中尽量使用存储过程技术，使用存储过程不仅可以防止某些类型的SQL注入式攻击，还可以提高SQL语句的执行速度；在程序出现异常的情况下，程序会自动跳转到固定的页面，而不是将错误信息显示给用户，这样可以防止部分别有用心的用户。

（2）在平台中，由于访问权限的不同，用户可以访问的页面也不同，为了防止用户直接从网页的地址栏中输入链接地址进入某个超出该用户权限的页面，而出现越权的操作。用户登录后输入选择角色并输入密码，验证通过进入导航页面，同时系统记录下该用户的角色。用户在访问页面时，系统将同时记录用户请求的路径，并进入数据库对其进行判断，如果该用户的角色具有访问此页面的权限，则进入要访问的页面，否则进入错误提示页面。用户点击重新登录后将重新返回到登录页面，从而避免了用户采用直接输入网址的方式访问超出其权限的页面。由于系统不能够检测登录的账号是否被他人冒用，所以采取当用户长时间不在系统中进行操作时，用户在系统中的Session值过期，从而该登录的账号失去了再次使用系统的权利，必须重新登录系统。这样可以防止用户离开计算机时被他人冒名使用。

（3）本平台中具有文件的上传和下载功能，在上传文件时为了防止有些用户上传恶意文件破坏系统，因此需要在上传时对文件类型进行判断。除非是指定的文件类型外，其他的文件均不予上传，尤其是以.asp，.aspx或.exe等结尾的文件。

5. 数据库中数据加密技术

由于平台应用程序的关键信息和数据都存储在数据库中，所以数据库的安全性就显得尤为重要。在信息系统的开发过程中，加密技术是一种很常用的安全技术。它把重要的数据通过技术手段变成乱码（加密）后再传送信息，即通过将信息编码为不易被非法入侵者阅读或理解的形式来保护数据的信息，到达目的地后再用相同或不同的手段还原（解密）信息。根据加密密钥和解密密钥在性质上的不同，在应用中提供了两种加密算法，即对称加密算法和非对称加密算法。

（1）对称加密是加密和解密使用相同密钥的加密算法。它的优点是保密程度较高、计算开销小、处理速度快、使用方便快捷、密钥短且破译困难。由于持有密钥的任意一方都可以使用该密钥解密数据，因此必须保证密钥不被未经授权的非法用户得到。在对称加密技术中广泛使用的是DES加密算法。

（2）非对称加密是加密和解密使用不同密钥的加密算法。它使用了一对密钥：一个用于加密信息；另一个用于解密信息，通信双方无须事先交换密钥就可以进行保密通信。但是加密密钥不同于解密密钥，加密密钥是公之于众，谁都可以使用；而解密密钥只有解密人知道，这两个密钥之间存在着相互依存关系：即用其中任一个密钥加密的信息只能用另一密钥进行解密。它只可加密少量的数据。在非对称加密算法中普遍使用的是RSA加密算法。

基于上述分析，并结合本平台的特点，采用RSA与DES混合加密体制的方式实现数据信息的加密。可以用对称加密算法（DES加密算法）加密较长的明文；用非对称加密算法（RSA加密算法）加密数字签名等较短的数据，这样既保证了数据的保密强度，又加快了系统运算速度。

7.3.2　平台扩展性

公共机构能源管理平台具有良好的形态扩展性，主要体现在两个方面：系统技术本身的可扩展性和业务应用的可扩展性。为保证系统的正常工作，必须在系统建设的各个阶段重视系统的可扩展性，使整个系统成为一个有机的整体，避免出现信息孤岛。

技术层面的扩展是建立在统一的标准和统一的规范之上，以开放的系统架构和组件化的设计思想，使系统能够兼容已有系统，同时兼顾将来的系统建设。本平台的系统技术可扩展性体现在：

（1）采用开放的系统架构，杜绝了封闭系统架构无法遵循国际上成熟的、通用的技术标准、规范和协议。

（2）遵照执行国家颁布的现有标准以及将要推出的各类规范。

（3）采用组件化的设计思想，减少系统耦合性，提高系统的复用率。

（4）技术的可扩展性不是我们的目的，而是我们实现应用扩展的手段。

（5）系统业务应用的可扩展性包括业务本身和业务处理能力的可扩展性。

（6）对于系统业务本身的可扩展性，平台采用增量开发的模式，不断推出新版本，从而适应用户需求的不断变化。平台采用面向服务（SOA）解决方案，利用服务技术实现不同系统间的有效地通信和协作，由于服务的平台中立性和语言中立性使得跨平台的通信、整合更加容易。

此外，业务对系统处理能力的需求不是一成不变的。随着业务不断的扩展，业务对系统处理能力的要求也会越来越高，系统的设计必须在满足现有业务量需求的基础上，对今后的业务发展进行有效的评估，使系统处理能力在一定时间内能够满足业务增长带来的处理能力增长的需要。业务处理能力的可扩展性有效地保护了用户的投资，同时也保障了系统的稳定。公共机构能源管理平台的可扩展性主要特点为：

1）方便为系统添加新的功能。

2）扩展后，新旧系统之间具有良好的集成性。

3）扩展后仍能满足系统业务的性能要求。

4）扩展后仍能满足系统安全性的要求。

第 8 章　项目案例

8.1　政府办公类建筑

1. 工程概况

项目名称：涞源县新法院集中供暖示范项目。

项目地点：河北省涞源县。

气候分区：寒冷地区。

建筑面积：1.7万m^2。

河北省涞源县属暖温带半湿润季风气候区，山地气候特点显著。为了响应国家政策，2017年开始拆除辖区内近30个燃煤锅炉房，并同步建设热电厂、一次管网和换热站，原有燃煤锅炉房供暖用户并入热电联产供暖管网内。涞源县供暖设计室外温度-13.6℃，供暖天数151天。新法院示范项目位于涞源县东侧，建筑面积17077.2m^2，含2栋多层建筑和1个餐厅，2018年建筑投入使用，为节能建筑，散热方式为地暖。新法院换热站负责检察院和新法院供暖：一次网设计供回水温度：90/50℃；二次网设计供回水温度：40/30℃。

新法院外景图如图8-1所示，涞源县供暖管网及新法院所处管网位置如图8-2所示，新法院换热站如图8-3所示。

图8-1　涞源新法院外景

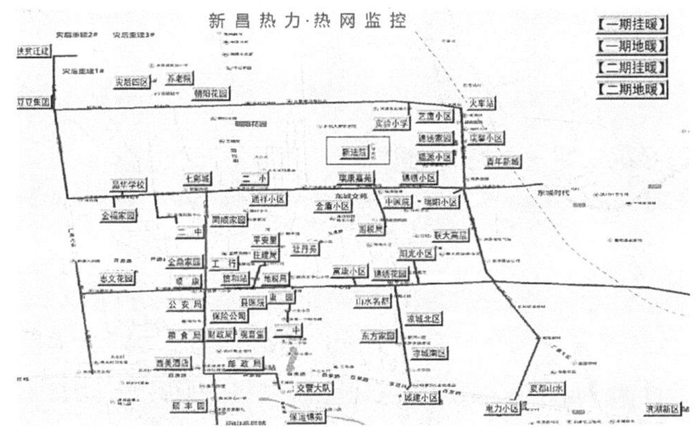

图8–2　涞源主要供暖管网

图8–3　涞源新法院换热站

2. 所用技术和系统

本项目采用数据驱动的供暖系统自适应控制技术，详见本书第3章。

换热站无人值守自控系统主要由PLC控制系统和通信系统组成。它通过与其相连的现场仪表和执行机构完成对热力站的数据采集、控制和调节等任务。控制系统中PLC采用供暖行业内经过多年证明的品质可靠、性能领先的STEC控制器，该控制器在研发过程中结合供暖行业的特点，充分考虑了供暖系统、控制器、人机界面和软件的无缝整合和高效协调的需求。

涞源新法院换热站的供暖系统智能调控系统架构形式为：“中央监测，统一调度，现场控制、故障诊断”。即中央与本地分工协作监控方法，其供暖量的自动调节决策功能完全“下放”给本地的热力站机组，中央控制室只负责全网参数的监视以及总供暖量、总循环流量的自动调控。系统架构由现场监控系统、数据通信网络、调度监控中心三部分组成。

智能热网监控系统由调度中心、能源站监控系统、计量调控系统以及通信网络系统组成。网络架构如图8–4所示，控制系统界面如图8–5所示。

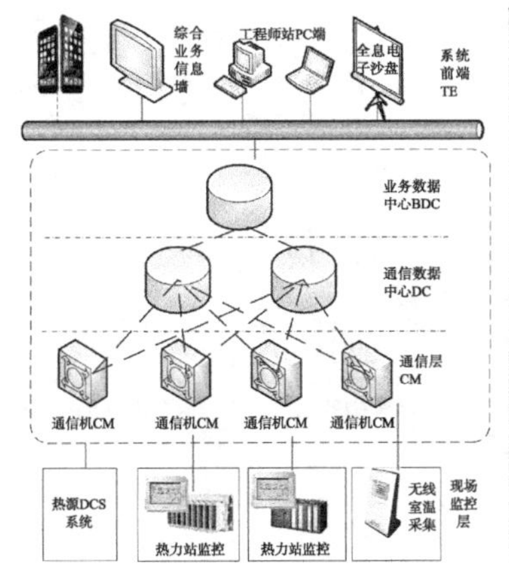

图8–4　涞源新法院控制系统架构图

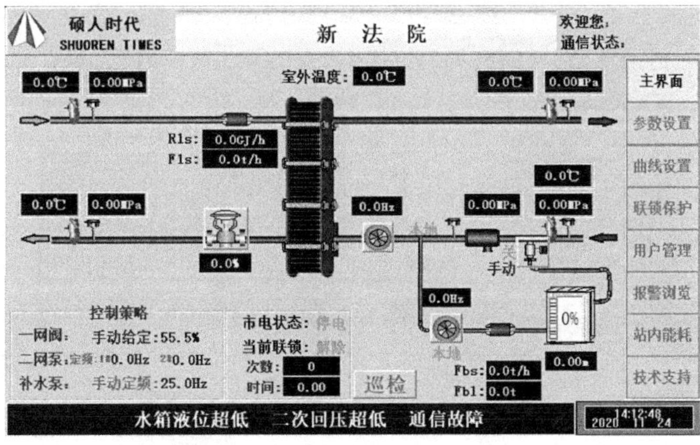

图8–5　涞源新法院控制系统界面

8.2 学校类建筑

1．项目概况

项目名称：合肥工业大学能耗监管系统二期及监控升级项目。

项目地点：安徽省合肥市。

气候分区：夏热冬冷地区。

建筑面积：59.72万m^2。

合肥工业大学是中华人民共和国教育部直属的全国重点大学，由教育部、安徽省人民政府、工业和信息化部和国家国防科技工业局共建，是国家世界一流学科建设高校，211工程、985平台重点建设高校。校园外景如图8–6所示。

合肥工业大学节能监管体系建设，开始于2008年，是全国高等院校首批节约型校园建筑节能监管体系建设项目示范工程之一，该项目建设实行了自主设计、自主研发、自主安装的“三自”路径。2016年开始，学校开展细化查验，对能源监管系统进行二期升级改造，目前共安装智能数据网关131个、多功能智能电能计量表（二级总表）242只、模块化集中式单相智能表箱173台2640块（户）、模块化集中式三相智能表箱257台1884块（户）。

2．所用技术和系统

本项目采用基于能耗监测、环境监测、机电系统监测智能管理与智能调控的“四位一体”集成管控系统，如图8–7~图8–11所示。

该项目中，“四位一体”平台技术具体体现在：

（1）能耗监测技术：建立覆盖全校的一次、二次能源计量的全过程监测，对全院能源消耗总量进行统计，实现水、电、热、蒸气能源数据的汇总统计及损耗分项分析。

（2）环境监测技术：实时获取单位地区未来12小时内天气情况，获取到温度、湿度、

图8–6　合肥工业大学外景图

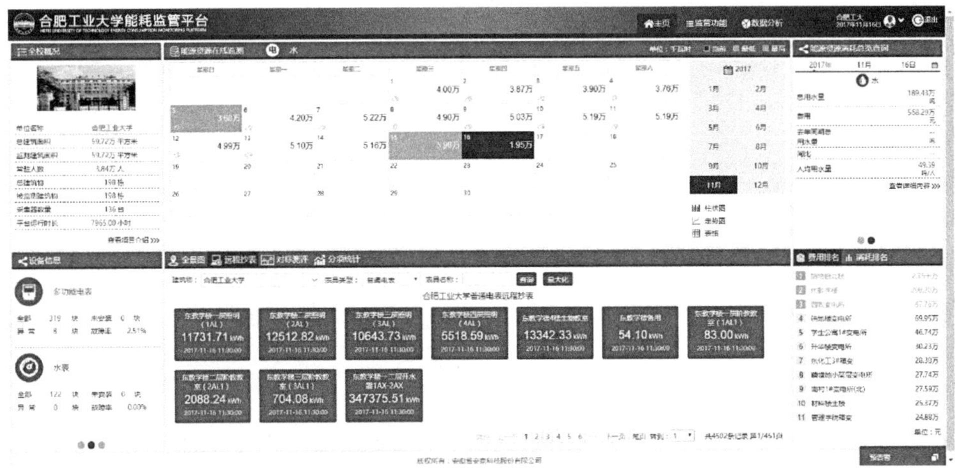

图8-7 合肥工业大学建筑能源监管系统主界面

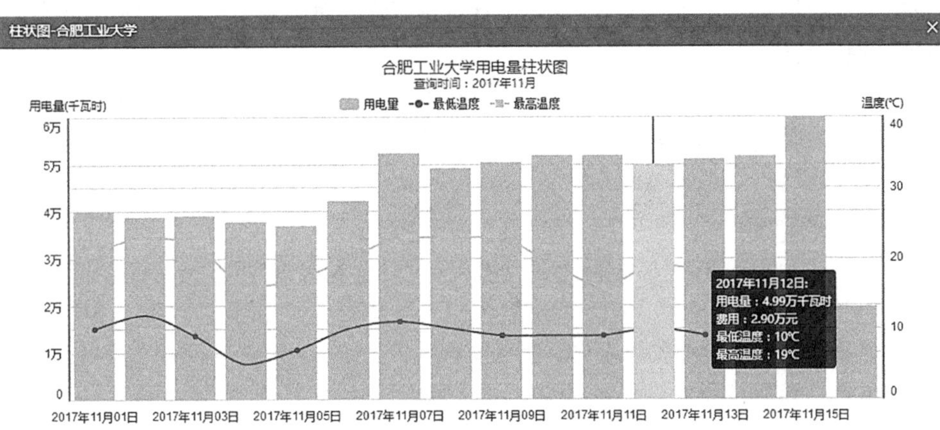

图8-8 用电量统计与显示界面

模块控制 组控制

空调参数	值
内机地址	4
开关机	开机
运行模式	制冷
风速	低风速
扫风开关	扫风开
模式冲突	无
设定温度	25度
入管温度	21度
中管温度	21度
出管温度	21度
室内环境温度	21.5度
通讯故障	无
辅热故障	无
水满保护	无
防冻结保护	无
环境感温包故障	无
出管感温包故障	无
中管感温包故障	无
入管感温包故障	无
外机入管感温包故障	无
外机中管感温包故障	无
外机出管感温包故障	无
外机环境感温包故障	无

图8-9 教学楼空调控制系统主界面

图8-10　教学楼空调控制系统——按组控制

图8-11　教学楼空调控制系统——按模块控制界面

风力等环境数据。

（3）机电系统监测智能管理：对用能系统生成报表及各种分析对比，对监测的能耗与历史数据与指标数据对比，及时发现漏电、漏水、漏气能耗异常并进行预警等操作；设置能耗阈值，对能耗设置异常报警功能；在统计与分析的基础上，对建筑物的能耗进行专业的评估，分析建筑能效，建立标杆建筑，制定能耗定额标准，对能源消耗设置能耗阈值管理，实现对能源的智能管理。

（4）智能调控技术：针对教学楼建立了空调系统的智能管控系统，根据课程安排、上课时间、用能习惯等实现教学楼空调系统的自动控制。

8.3　医院类建筑

1．项目概况

项目名称：中南大学湘雅医院建筑能耗监管平台。

项目地点：湖南长沙。

气候分区：夏热冬冷。

建筑面积：41万m^2。

中南大学湘雅医院坐落于中国历史文化名城长沙。创办于1906年的湘雅医院，是中国和美国耶鲁大学雅礼协会联合创建的西医院，素有“南湘雅”之美誉，现隶属于国家教育部直属全国重点大学中南大学。历经百余年发展，中南大学湘雅医院现已成为国家卫生和计划生育委员会直属，集“医疗、教学、科研”于一体的现代化大型综合性医院，是我国重要的医疗诊治、医学教育和医学研究中心。

中南大学湘雅医院的总建筑面积约49万m^2，院本部占41万m^2左右，生活区占8万m^2左右，院本部包括新医疗区和老医疗区。其中新医疗大楼（建筑面积达28万m^2）于2010年6月全面投入使用，主要包括：新医疗大楼、药学楼、高压氧楼、院办公楼等；老医疗区主要包括：感染大楼、外科大楼、干部病栋、CT扫描室、老门诊楼、干部扩建（包括核磁共振）、伽玛刀楼等。校园外景如图8-12所示。

伴随着新医疗楼、药学楼、行政办公楼等配套建筑的建设，以及各类大型医疗仪器设备的迅速投入应用的同时，各种能源、资源消耗也在快速增加。中南大学湘雅医院开展了绿色医院建设等工作，通过构建建筑能源监管平台，实现节约能源的目的。

图8-12　中南大学湘雅医院外景图

2．所用技术和系统

本项目采用基于能耗监测、环境监测、机电系统监测智能管理与智能调控的“四位一体”集成管控系统，如图8-13～图8-16所示。

图8-13　中南大学湘雅医院建筑能耗监管平台界面——楼宇分布图

图8-14　中南大学湘雅医院空调系统、照明系统控制主界面

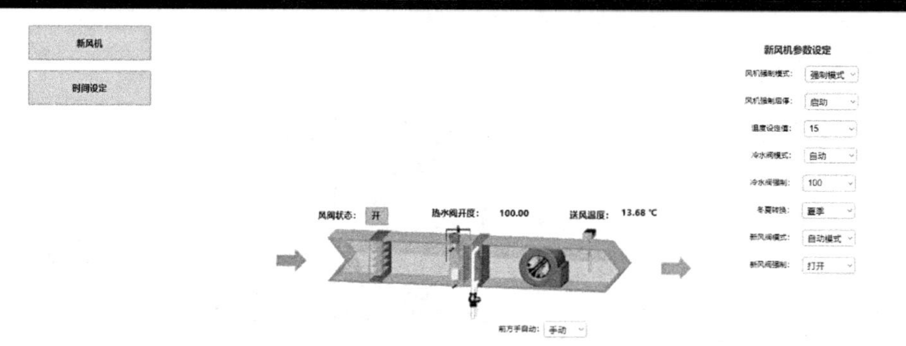

图8-15　中南大学湘雅医院空调系统控制界面

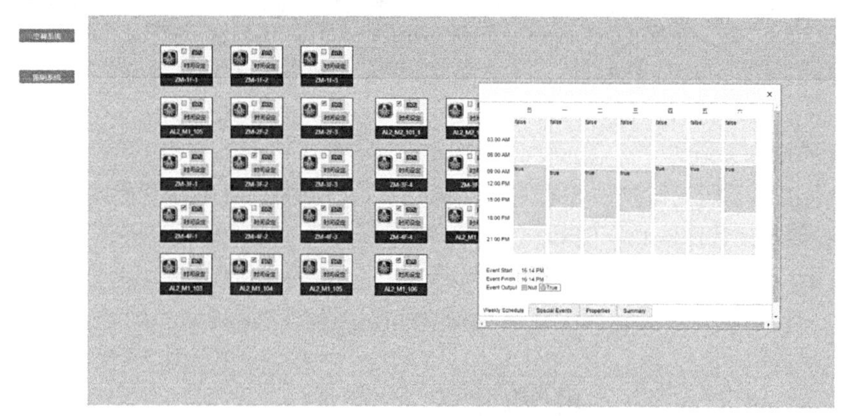

图8-16　中南大学湘雅医院照明系统控制界面

该项目中，“四位一体”平台技术具体体现在：

（1）能耗监测技术：建立覆盖全院的一次、二次能源计量的全过程监测，对全院能源消耗总量进行统计，实现水、电、热、蒸气能源数据的汇总统计及损耗分项分析。

（2）环境监测技术：实时获取单位地区未来12小时内天气情况，获取到温度、湿度、风力等环境数据。

（3）机电系统监测智能管理：针对空调系统、照明系统建立了完善的设备监测，实现了时长管理；针对用能系统，生成报表及各种分析对比，对监测的能耗与历史数据与指标数据对比，及时发现漏电、漏水、漏气能耗异常并进行预警等操作；设置能耗阈值，对能耗设置异常报警功能；在统计与分析的基础上，对建筑物的能耗进行专业的评估，分析建筑能效，建立标杆建筑，制定能耗定额标准，对能源消耗设置能耗阈值管理，实现对能源的智能管理。

（4）智能调控技术：针对空调系统和照明系统，建立了智能控制系统，对空调系统设置冷水阀、风机与室内温度、负荷的联动控制，对照明系统，根据用能时间表、用能习惯设置启停、时长控制。

8.4　其他类建筑

1．工程概况

项目名称：山东省济宁市文化中心空调系统智能调控示范项目。

项目地点：山东省济宁市。

气候分区：寒冷地区。

建筑面积：29.91万m^2。

济宁市文化中心地处济宁市太白湖新区，位于太白湖湾以东，是该区域重要的文化景观中心。建筑面积29.91万m^2，该项目建筑分为酒店、公寓和办公三种业态，包含图书馆、高地公园、群艺馆、美术馆、博物馆等，一期建筑均为公建，二期预留。济宁市文化中心外景如图8–17所示。

图8–17　济宁文化中心外观图

济宁市文化中心空调面积22.48万m^2，供暖面积26.73万m^2，采用地源热泵系统加冷却塔的方式，满足该项目全年供暖空调需求。该项目由集中设置的能源站作为各个建筑物冷热源，并配置辅助冷却塔，以保证地源热泵运行过程中地源侧的累计吸、排热量平衡。济宁市文化中心制冷站如图8–18所示。

图8–18　济宁文化中心制冷站内景图

2．所用技术与系统

本项目采用基于数据驱动的空调系统自适应控制方法及无人值守系统。

本项目基于空调自控系统积累的大数据，建立阶梯负荷下的系统能耗模型，结合系统的实时负荷，以全局优化算法优化多个系统运行参数，给定任意时刻下的冷源系统设备参数设定值，实现空调冷源系统的自适应控制；在自适应控制技术的基础上，结合智能控制器，形成无人值守控制系统，实现控制系统的智能调控。无人值守控制技术流程如图8–19所示；系统智慧管控平台与软件，如图8–20～图8–22所示。

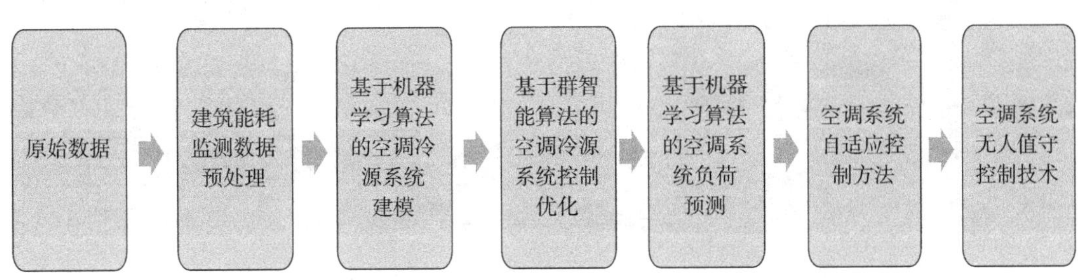

图8–19　空调系统无人值守控制技术流程图

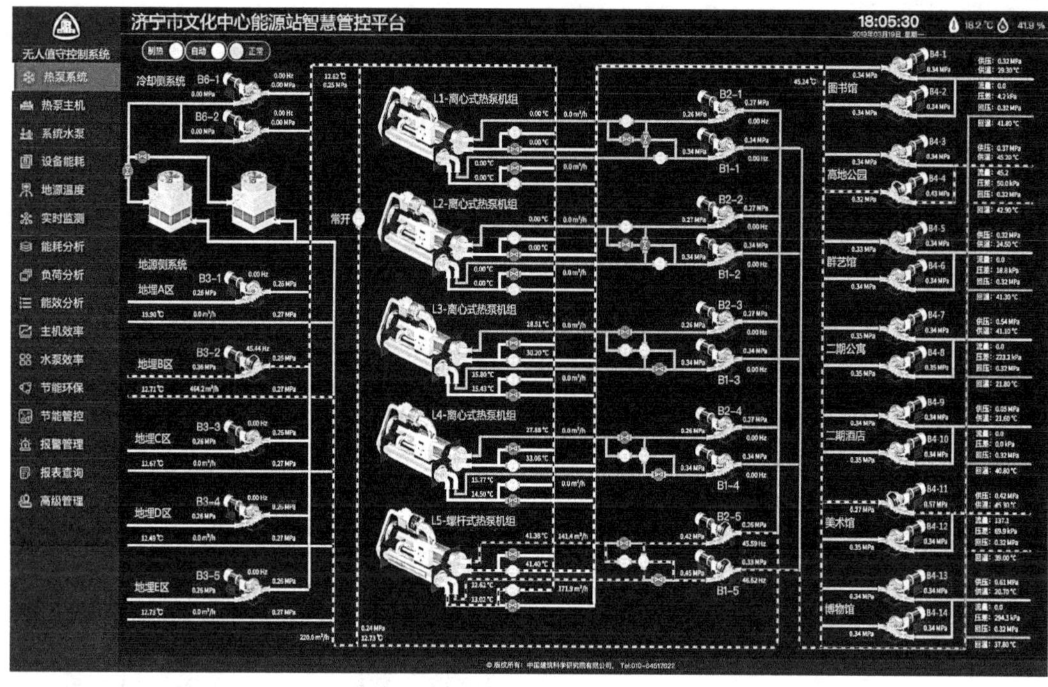

图8-20　空调系统无人值守控制系统

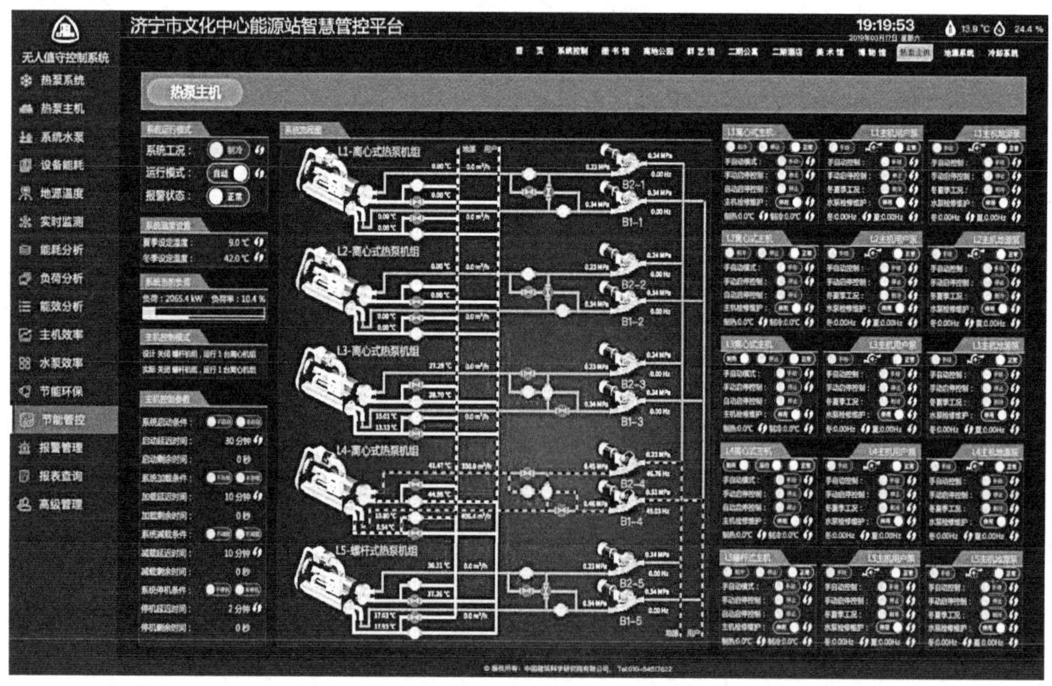

图8-21　空调系统无人值守控制系统——节能管控界面1

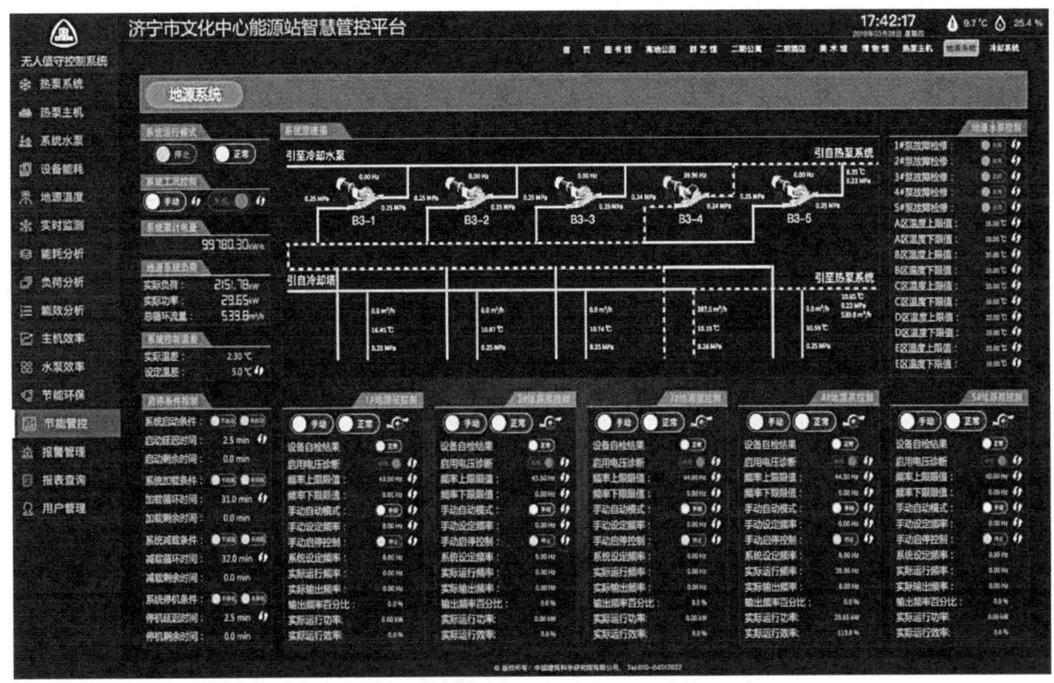

图8–22　空调系统无人值守控制系统——节能管控界面2

8.5　节能效果分析

为了能准确衡量技术带来的节能效果，课题组对每个项目开展了节能测试，并计算得到每个项目的节能率，如表8–1所示。从表中可以看出，所有项目的系统节能率均大于15%，实现课题既定的节能目标，为公共机构建筑节能提供了重要的技术支撑。

项目节能效果　　　　表8–1

项目名称	系统节能率（%）
涞源县新法院集中供暖示范项目	27.5
合肥工业大学能耗监管系统二期及监控升级项目	37.8
中南大学湘雅医院建筑能耗监管平台	17.2
山东省济宁市文化中心空调系统智能调控示范项目	22.6

参考文献

[1] Madsen H, Seiling K, Sogard H T. On flow and supply temperature control in district heating system [J]. Heat Recovery Systems & CHP, 1994,14（6）：613–620.

[2] Werner S. The heat load in district heating systems [D]. Sweden; Chalmers University of Technology, 1984.

[3] 郝有志，李德英．热负荷预测方法评价 [J]．建筑热能通风空调，2003，01.

[4] 何耀东，等．中央空调 [M]．北京：冶金工业出版社，2002.

[5] 贾鹏程．新风机组空调控制系统 [D]．济南大学，2017.

[6] 刘翔．空调系统节能运行自动控制的应用研究 [J]．现代物业（中旬刊），2019（01）：62–63.

[7] 卿晓霞．建筑设备自动化 [M]．重庆：重庆大学出版社，2002.

[8] 石兆玉，杨同球．供暖系统运行调节与控制 [M]，中国建筑工业出版社，2018.

[9] 孙婷婷．某高层办公绿色建筑的暖通空调设计 [J]．福建建筑，2017（01）：85–88.

[10] 徐宝萍，付林，狄洪发．计量供暖系统动态特性及控制策略研究综述 [J]．暖通空调，2007,（9）：64–66.

[11] 赵荣义，范存养，薛殿华，等．空气调节 [M]．北京：中国建筑工业出版社，2008.

[12] 肖赋，范成，王盛卫．基于数据挖掘技术的建筑系统性能诊断和优化 [J]．化工学报，2014，65（S2）：181–187.

[13] 侯恩哲．中国建筑能耗研究报告（2017）．概述 [J]．建筑节能，2017，45（12）：131.

[14] 刘金平，周登锦．空调系统变冷水温度调节的节能分析 [J]．暖通空调，2004，34（5）：90–96.

[15] 陈丹丹．集中空调变水量水系统实时优化控制策略研究 [D]．上海：上海交通大学，2007.

[16] Han J W, Kamber M, Pei J. 数据挖掘概念与技术 [M]．范明，孟晓峰，译．北京：机械工业出版社，2012：288–297.

[17] Yu Z, Fung BCM, Haghighat F. Extracting knowledge from building-related data — A data mining framework [J]. Building Simulation, 2013, 6（2）：207–222.

[18] 陈焕新，孙劭波，刘江岩，等．数据挖掘技术在制冷空调行业的应用 [J]．暖通空调，2016, 46（3）：20–25.

[19] 陈焕新，刘江岩，胡云鹏，等．大数据在空调领域的应用 [J]．制冷学报，2015, 36（4）：16–22.

[20] Fan C, Xiao F, Yan C. A framework for knowledge discovery in massive building automation

data and its application in building diagnostics [J]. Automation in Construction, 2015, 50: 81–90.

[21] Xiao F, Fan C. Data mining in building automation system for improving operational performance [J]. Energy and Buildings, 2014, 75 (11): 109–118.

[22] Fan C, Xiao F, Madsen H, et al. Temporal knowledge discovery in big BAS data for building energy management [J]. Energy and Buildings, 2015, 109 (4): 75–89.

[23] 杨石，罗淑湘，杜明. 基于数据挖掘的公共建筑能耗监管平台数据处理方法 [J]. 暖通空调，2015, 45 (2): 82–86.

[24] Chen Y, Hao X, Zhang G, et al. Flow meter fault isolation in building central chilling systems using wavelet analysis [J]. Energy and Conservation and Management, 2006, 47 (13): 1700–1710.

[25] Du Z, Jin X, Yang Y. Fault diagnosis for temperature, flow rate and press sensors in VAV systems using wavelet neural network [J]. Applied Energy, 2009, 86 (9): 1624–1631.

[26] 麦坚忍，陈友明. 用小波分析法分离变风量系统流量传感器故障 [J]. 建筑热能通风空调，2005, 24 (4): 52–55.

[27] 郝小礼，陈友明，张国强. 小波过滤在小故障检测中的应用 [J]. 暖通空调，2005, 35 (8): 138–140.

[28] 胡云鹏，陈焕新，周诚，等. 基于小波去噪的冷水机组传感器故障检测 [J]. 华中科技大学学报 (自然科学版), 2013, 41 (3): 16–19.

[29] 石书彪，陈焕新，李冠男，等. 基于小波去噪和神经网络的冷水机组故障诊断 [J]. 制冷学报，2016, 37 (1): 12–17.

[30] 吴蔚沁. 基于机器学习算法的建筑能耗监测数据异常识别与修复方法 [J]. 建设科技，2017, 9:60–62.

[31] Wang SW, Ma ZJ. Supervisory and optimal control of building HVAC system: a review [J]. HVAC&R Research, 2008, 14 (1): 3–32.

[32] Curtiss PS, Kreider JF, Brandemuehl MJ. Local and global control of commercial building HVAC systems using artificial neural networks [C] // Institute of Electrical and Electronics Engineers (IEEE) . Proceedings of 1994 American Control Conference. New York: Curran Associates, Inc., 1994: 3029–3044.

[33] So ATP, Chan W, Tse W. Self-learning fuzzy air handling system controller [J]. Building Services Engineering Research and Technology, 1997, 18: 99–108.

[34] Song Q, Hu W, Zhao T. Robust neural network controller for variable airflow volume system [J]. Proceedings of the IEEE Conference on Control Theory and Applications, 2003, 150 (2): 112–118.

[35] Jahanbani A, Ardakani FF, Hosseinian SH. A novel approach for optimal chiller loading using particle swarm optimization [J]. Energy and Buildings, 2008, 40 (12): 2177–2187.

[36] Lee WS, Chen YT, Wu TH. Optimization for ice-storage air-conditioning system using particle swarm algorithm [J]. Applied Energy, 2009, 86 (9): 1589–1595.

[37] Congradac V, Kulic F. Recognition of the importance of using artificial neural networks and genetic algorithms to optimize chiller operation [J]. Energy and Buildings, 2012, 47: 651-65.

[38] 刘洋. 基于TRNSYS的中央空调冷却水系统节能优化仿真研究 [D]. 广州: 华南理工大学, 2013.

[39] 严中俊. 某酒店中央空调冷源系统节能运行优化研究 [D]. 广州: 华南理工大学, 2013.

[40] 周煜. 某商场中央空调冷源系统运行能效优化与应用研究 [D]. 广州: 华南理工大学, 2014.

[41] 黄扬春. 基于TRNSYS的中央空调冷源系统运行优化研究 [D]. 广州: 华南理工大学, 2015.

[42] 刘志斌. 大型商场建筑中央空调冷冻水系统运行能效及参数优化研究 [D]. 广州: 华南理工大学, 2016.

[43] 闫军威, 梁艳辉, 黄扬春, 等. 商场过渡季节中央空调冷源系统运行参数优化研究 [J]. 制冷与空调, 30 (6): 677-683.

[44] 闫军威, 陈城, 周璇, 等. 多台冷水机组负荷分配优化策略仿真研究 [J]. 暖通空调, 2016, 46 (4): 98-110.

[45] Afram A, Janabi-Sharifi F. Theory and applications of HVAC control systems- a review of model prediction control (MPC) [J]. Building and Environment, 2014, 72 (1): 343-355.

[46] Kusiak A, Xu G. Modeling and optimization of HVAC systems using a dynamic neural network [J]. Energy 2012, 42 (1): 241-250.

[47] Chen J, Lian Z, Tan L, et al. Modeling and experimental research on ground-source heat pump in operation by neural network [C] // Institute of Electrical and Electronics Engineers (IEEE). 2011 International Conference on Computer Distributed Control and Intelligent Environmental Monitoring. New York: Curran Associates, Inc., 2011: 459-462.

[48] Kusiak A, Li M, Zhang Z. A data-driven approach for steam load prediction in buildings [J]. Applied Energy, 2010, 87 (3): 925-933.

[49] Tang F. HVAC system modeling and optimization: a data-mining approach [D]. Iowa City, Iowa, United States: The University of Iowa, 2010.

[50] Homod RZ, Sahari KSM, Almurib HAF, et al. RLF and TS fuzzy model identification of indoor thermal comfort based on PMV/PPD [J]. Building and Environment, 2012, 49 (1): 141-153.

[51] Soyguder S, Alli H. Predicting of fan speed for energy saving in HVAC system based on adaptive network based fuzzy inference system [J]. Expert Systems with Applications, 2009, 36 (4): 8631-8638.

[52] Ding L, Lv J, Li X, et al. Support vector regression and ant colony optimization for HVAC cooling load prediction [C] // Institute of Electrical and Electronics Engineers (IEEE). 2010 International Symposium on Computer, Communication, Control and Automation

（3CA）. New York：Curran Associates, Inc., 2010：537–541.

［53］Wang S, Xu X, Huang G. Robust MPC for temperature control of air conditioning systems concerning on constraints and multiple uncertainties［J］. Building Services Engineering Research & Technology, 2010, 31（1）：39–55.

［54］Yuce B, Li HJ, Rezgui Y, et al. Utilizing artificial neural network to predict energy consumption and thermal comfort level：An indoor swimming pool case study［J］. Energy and Buildings, 2014, 80：45–56.

［55］Gang WJ, Wang JB, Predictive ANN models of ground heat exchanger for the control of hybrid ground source heat pump systems［J］. Applied Energy, 2013, 112（16）：1146–1153.

［56］Gang WJ, Wang JB, Wang SW. Performance analysis of hybrid ground source heat pump systems based on ANN predictive control［J］. Applied Energy, 2014, 136：1138–1144.

［57］Yan L, Hu PF, Li CH, et al. The performance prediction of ground source heat pump system based on monitoring data and data mining technology［J］. Energy and Buildings, 2016, 127：1085–1095.

［58］翟文鹏. 基于负荷预测和设定点优化的制冷系统模型预测控制方法研究［D］. 天津：天津大学，2012.

［59］Forrester JR, Welfer WJ. Formulation of a load prediction algorithm for a large commercial building［J］. ASHRAE Trans, 1984, 90（5）：536–551.

［60］李爱旗，白雪莲. 重庆市小城镇居住建筑热环境分析和建筑冷热负荷预测研究［D］. 重庆：重庆大学，2006.

［61］谢艳群，李念平. 长沙市住宅建筑能耗调查实测及其影响因素统计分析［D］. 长沙：湖南大学，2007.

［62］杨柳，侯立强，李红莲，等. 空调办公建筑能耗预测回归模型［J］. 西安：西安建筑科技大学学报（自然科学版）, 2015, 47（5）：707–711.

［63］Zhao H, Magoulès F. A review on the prediction of building energy consumption［J］. Renewable and Sustainable Energy Reviews, 2012, 16（6）：3586–3592.

［64］Kumar R, Aggarwal RK, Sharma JD. Energy analysis of a building using artificial neural network：A review［J］. Energy and Buildings, 2013, 65（4）：352–358.

［65］Yuce B, Li H, Rezgui Y, et al. Utilizing artificial neural network to predict energy consumption and thermal comfort level- An indoor swimming pool case study［J］. Energy and Buildings, 2014, 80：45–56.

［66］石磊，赵蕾，王军，等. 应用人工神经网络预测建筑物空调负荷［J］. 暖通空调，2003, 33（1）：103–104.

［67］李帆，曲世琳，于丹，等. 基于运行数据人工神经网络的空调逐时负荷预测［J］. 建筑科学，2014, 30（2）, 72–75.

［68］Ahmad AS, Hassan MY, Abdullah MP, et al. A review on applications of ANN and SVM for building electrical energy consumption forecasting［J］. Renewable and Sustainable Energy

Reviews, 2014, 33（2）：102–109.

［69］Li Q, Ren P, Meng Q. Prediction model of annual energy consumption of residential buildings［C］// Institute of Electrical and Electronics Engineers（IEEE）. In Proceedings of 2010 international conference on advances in energy engineering. New York：Curran Associates, Inc., 2010：223–226.

［70］Zhao HX, Magoulès F. New parallel support vector regression for predicting building energy consumption［C］// Institute of Electrical and Electronics Engineers（IEEE）. 2011 IEEE Symposium on Computational Intelligence in Multicriteria Decision–Making（MDCM）. New York：Curran Associates, Inc., 2011：14–21.

［71］何大四，张旭，刘加平. 常用空调负荷预测方法分析比较［J］. 西安建筑科技大学学报（自然科学版）, 2006, 1：125–129.

［72］何大四，张旭. 改进的季节性指数平滑法预测空调负荷［J］. 同济大学学报（自然科学版）, 2005, 33（12）：1672–1676.

［73］何大四，张旭. 改进的季节性指数平滑法预测空调负荷实例研究［C］// 中国建筑学会暖通空调专业委员会，中国制冷学会空调热泵专业委员会. 全国暖通空调制冷2004年学术年会资料摘要集（2）. 北京：中国建筑工业出版社，2004：1.

［74］Yu Z, Haghighat F, Fung BCM, et al. A decision tree method for building energy demand modeling［J］. Energy and Buildings, 2010, 42（10）：1637–1646.

［75］Chou JS, Bui DK. Modeling heating and cooling loads by artificial intelligence for energy–efficient building design［J］. Energy and Buildings, 2014, 82：437–446.

［76］Fan C, Xiao F, Wang S. Development of prediction models for next–day building energy consumption and peak power demand using data mining techniques［J］. Applied Energy, 2014, 127（6）：1–10.

［77］王碧玲，邹瑜，宋业辉，等. 基于数学模型的冷水机组节能量计算方法［J］. 建筑科学，2013, 29（4）：79–84.

［78］ASHRAE. 2007 ASHRAE Handbook–Heating, Ventilating, and Air–conditioning Applications Inch–pound Edition［M］. America：American Society of Heating, Refrigerating and Air–Conditioning Engineers, Inc., 2007.

［79］丁海瑞. 集中空调水系统最优控制策略研究与软件研发［D］. 南京：南京工业大学，2015.

［80］沈艳，郭兵，吉天祥. 粒子群优化算法及其与遗传算法的比较［J］. 电子科技大学学报，2005, 34（5）：696–699.